松原 始

カラス屋、カラスを食べる

動物行動学者の愛と大ぼうけん

GS
幻冬舎新書
510

まえがき
〜すいません、やや、看板に偽りがあります〜

最初にまず、お断りしておかなくてはならない。本書は『カラス屋の大ぼうけん』というタイトルで企画されていたのだが、最後の最後にタイトルが変更された。『カラス屋、カラスを食べる』は内容の一部ではあるが、一冊丸ごとカラスを調理して食っている内容の本ではない。そういう本をお探しならば、『本当に美味しいカラス料理の本』（塚原直樹著／SPP出版）あたりが適切であろう。

このようにキャッチーな部分をそのまま書名にする例はよくあるとはいえ、私は昔、それで本の内容を勘違いしたまま買ってしまって激怒した経験もある。この書名は非常に心苦しい。だが版元さんに「その方が売れる」と判断されては仕方ない。「そんなタイトルは許さん、損益分はオレが払ってやる！」と豪語できるほど稼いだら、誰はばかることなく反対したいと思う。

さて、カラス屋とはカラスの研究者のことだ。研究者は自分の研究テーマに合わせて「ナントカ屋」と呼ばれる（あるいは名乗る）ことがある。英語でもこういう慣例はあり、オーストラリアからの留学生がフィアンセに我々を紹介する時に「彼はクロウ・ガイ、あいつはスパイダー・マン」などと言っていた。ちなみに私はカラス屋としては、日本で5本の指に入ると自負している。カラス専門の研究者なんて日本にはせいぜい5人しかいないから、間違いない。中でも地味に野外での生態を見ている奴なんて2人くらいである。

だが。元の『カラス屋の大ぼうけん』にしても、いささか不審なタイトルと言わねばなるまい。カラス屋が冒険とは、これいかに。カラスなんて町なかで見るもので、別に極地だの熱帯だのに出かけたりはしないはずだ。鳥好きとは限らないくせに無人島に行っちゃう鳥類学者とか、バッタを倒しに行っちゃう昆虫学者とか、ダニを求めて西へ東へ飛びまわるマニアとはわけが違う。私の友人はインドにトラの撮影に行き、「トラに食われるのとゾウに踏まれるの、どっちがいい？」という究極の選択を迫られたが、そういう、血湧き肉躍る冒険をお求めの方には、本書はそもそも向いていない。

だが、動物を追いかける世界に踏み込めば、そこにはやはり、それなりの体験が待っているものだ。思い返せば私だってそれなりに「ぼうけん」はしている。冒険というと堅いが、「ぼうけん」はもうちょっとヌルい。日常からははみ出しているが、本当に死ぬわけではない感じ。

いや、実際はもっと危険な、本当にヤバい目にもあってはいるのだが、アハハと笑える「ぼうけん」としては、こんなものだ。

カラスやウミガメやミズナギドリやニホンザルを相手に、踏んだり蹴ったりコケたり泣いたり笑ったり。研究者が遭遇したロクでもない騒動をお楽しみいただき、そこから生物学者のすったもんだや、動物たちの生き様を感じていただければ、そして何よりも、たとえ一時でも都会の喧騒を離れてみなさんの心を遊ばせることができれば、幸いである。

カラス屋、カラスを食べる／目次

第1章

カラスは女子供をバカにするか

これはナンパではない

「なあ、オレといっしょに、カラスに餌をやらないか？」

人気《ひとけ》のない階段の踊り場で壁に手をついて、この台詞《せりふ》を言われた時、笑って「うん！」と答える女子がいたら極めてポイントが高い。いや、頭がおかしい（念のために書いておくが、「頭がおかしい」は褒め言葉である）。

壁ドンは冗談だが、今はとにかく、知り合いに片っ端から声をかけて、そう聞かなくてはいけないのだ。「今は忙しい」「実験中だから」と言われても諦めてはならない。「じゃあ、手の空いた時でいいから。いつだったらいい？」と食い下がり、「うん」と言わせなくては。

もちろん、これはナンパではない。全ては、卒業研究のためである。

1995年、4月。この時、私は大学の4回生だった。

卒業研究のテーマは、「カラスは女子供をバカにするか？」。

「バカにするか？」というのでは主観的すぎて直接調べることができないので、ここでは「バカにしている＝相手をナメている＝より近くに寄って来る」と考える。要するに、人間の性別や年齢を見抜き、それに応じて接近距離を変えているかどうか、ということだ。

考えてみたら、これができたらすごいことである。ヒトという全く違う生物を相手に、「オス成体」「メス成体」「オスでもメスでもいいから幼体」という極めて合理的な分類をあてはめ、かつ間違わずに分類してのけて、さらにそれぞれのグループの属性を抽出し、「一般論としてオス成体は戦闘力が高いのに対し、メス成体や幼体は攻撃的ではない、もしくは戦闘力が低い」と判断して行動しているということになる。

そんなことができるのか？

ちょっと考えてみるとわかるが、「大の男」と「女子供」という線引きには、他の捉《とら》え方もある。成人男性は一般に背が高いのだ。女性および子供は一般に成人男性より背が低い傾向がある。そして、体の大きさは個体の性能に直結する。大きな個体はより攻撃力が大きく、耐久性が高く、攻撃レンジが長い。うっかり近づくと危険な相手だ。つまり、単純にデカくて強そうな相手は敬遠《けいえん》するだけかもしれない。

仮にカラスがヒトの身長を見て、「こいつ背が高いな、あまり近づかないことにしよう」と判断していても、見かけ上は「女子供をバカにしている」ように見えるわけだ。この方が「人間の性別と年齢」なんて特殊なカテゴライズと違って、汎用性がある。実際、多くの動物が喧嘩の時は体を大きく見せて、相手を威圧する。つまり、「デカい奴は強い」という共通の理解があるはずだ。そういう行動なら、カラスがやっていたとしても、まだ理解しやすい。

実際、ニホンザルは相手の身長を見て接近距離を計っている場合がある。彼らはヒトの顔を見上げて、その時の角度に限界値を設けている。例えば30度までは見上げていいとすると、身長1メートルの子供に対しては1・7メートルの距離まで寄って来るが、身長2メートルのバスケット選手に対しては3・4メートルまでしか近づけない。

さて、カラスでこれを確かめるにはどうすればいいか？

簡単だ。様々な身長の人間に対して、カラスがどこまで近づくかを計測すればよい。被験者はなるべく多い方がいい。あと、身長の幅も、なるべく広い方がいい。私の知り合いの中で一番背の高いヤツは身長195センチくらい、一番背の低い人は148センチ。50センチくらい違えばなんとかなるか？

だが、一つ確かめなくてはならないことがある。カラスの接近距離というのは、同じ身長の人間に対しては常に同じなのだろうか？　ニャンコならその日の機嫌次第で、触らせてくれることもあれば、プイと逃げることもある。

そこで、予備実験として、まずは私が公園に行き、カラスにパン屑《くず》を投げてみることにした。

カラスより先にハトが来た

調査場所は京都市内の円山《まるやま》公園である。大学からは歩いて30分ほど。途中で買った食パンを持ち、公園内のベンチに座ってあたりを眺めてみた。

カラスはたくさんいた。というか、たくさんいるのを知っているから、ここに来たのだ。木の上に止まっているカラス多数。地面を歩いているもの10羽くらい。見えているのはハシボソガラスの方が多いが、これは見かけ上だろう。ハシブトガラスは地上に留《と》まるのを好まない。止まっているものまで全て数えればほぼ同数といったところだろうか。

ハシボソガラス、ハシブトガラスは共に日本で繁殖する、ごく身近な鳥だ。ハシボソガラスの嘴《くちばし》は細くてまっすぐなのに対し、ハシブトガラスは太くてアーチ状に弧を描く。またハシボソガラスは農地や芝生など開けた場所が好きだが、ハシブトガラスは高いところに止まるのが好きで、田んぼのようなところにはあまり来ない。ここは公園で、木も生えていれば平らな地面もあって、おまけに人間がゴミを捨てて行ったりするから、どちらのカラスにとっても住みやすい場所だ。

コンビニのレジ袋をガサガサ言わせながら食パンを取り出し、6枚切りを1枚手に取って、小さくちぎる。顔を上げると、既に数羽のカラスがこちらに近づきつつあった。カラスは人間の行動にとても敏感だ。餌を落としそうな相手は全部チェックしている。同時に、近づいても安全かどうかも、見定めているだろう。

だが、カラスより先にドバトが来た。いわゆる「ハト」、公園や駅で「クルックー」と鳴いているアレである。もともとは日本の野鳥ではなく、西アジアのカワラバトが飼いならされて1000年以上前に飼い鳥として持ち込まれ、その後で野生化したものだ。種類としては伝書鳩なんかと全く同じである。

ドバトたちは意味ありげに地面をつつきながら、足下をうろうろと歩き回る。ちぎったパンを投げると、数羽が先を争うように群がった。パン屑をつつき回し、くわえ上げては振り回す。ハトは餌を足で踏んで押さえながらつつく、ということができない。振り回してちぎるだけだ。そのたびにパンが宙を飛んではまた落ち、そこにハトが群がる。

カラスはじりじりと接近して来た。ハトが食べているのを見て、「これは餌だ」と確信したからだ。また、ハトに餌を与える人間は、カラスにも多少は優しい可能性がある……

少なくとも「鳥は全て嫌い」とかではない……だろうから、この判断は合理的でもある。

私はカラスに向かってパンを投げようと、腕を振りかぶった。途端、近づいていた2羽のハシボソガラスがピョンと飛び下がった。大きなモーションが嫌いなのだ。だが、完全には逃げない。半身に構えたまま、顔はこちらを向いている。私はなるべく小さな動きで、パンをカラスの方に投げた。

ドバトがさっと動いたが、それを圧して、ハシボソガラスがダッと飛び込んで来た。ハトが慌ててよける。ハシボソガラスはパクッと一口でパンをくわえて飲み込み、首を傾《かし》げながらこちらを見上げた。黒い瞳がキラッと光る。それを見たもう1羽も、トコトコと寄って来る。

カラスの方を見たまま、食パンをもう一つちぎって、投げる。今回は手を上げただけでカラスが前に動きかけた。だが、振りかぶるとまたちょっと腰が引ける。欲しい、でも怖い、という相反する情動が同時に存在するのだろう。手首のスナップでパンを投げると、カラスはタタッと小走りに駆け寄り、パンをくわえると元の位置に戻った。もう1羽がさらに近づいて来る。その後ろ、遠くで採餌《さいじ》していたハシボソガラスも、トコトコとこちらに歩いて来た。続いて別の1羽が飛来し、3メートルほど先に舞い降りる。

近い。こんな近くで見るカラスは初めてだ。

だが、これは序の口だった。3つ目のパンを投げる頃には、ハシボソガラスは次々と飛来し、バサバサと羽ばたいて落ち葉を吹き飛ばしながら私の周りに着陸し始めた。その後ろには、地上に下りて来るほどには決心がつかないらしいカラスたちが、周囲の枝に止まっている。急いで数えると、半径10メートル以内に19羽のカラスがいて、私の手元をじっと見つめている。これではカラス使いだ。

滅多に見られないカラスの姿

やっているうちに面白いことに気付いた。カラスは半円を描くように、私の前に集まっている。だが、私の足下から3メートル以内にはカラスがいない。そこに「カラス前線」ができているのだ。つまり、ハシボソガラスは私に対して3メートルまでは近づいていい、と判断している。試しにその前線よりも手前にパンを落とすと、一瞬、カラスたちがザワッと身じろぎする。だが、入って来る度胸はない。しかし、ほんの1秒か2秒のうちに、我慢できなくなった1羽がサッと飛び出し、素早くパンを引ったくって、バッと飛んで逃げる。1羽が飛び出すと釣られたように他の個体も飛び出して来ることもある。早い者勝ちだ。だが、餌を取ると必ず、「カラス前線」より後ろに戻る。

だが、さらに近く、足下にパンを落とすと、カラスは見ているだけで取りに来ない。さすがに、どこまでも近づいていいというわけではないらしい。つまり、どうしても餌が欲しければ、一瞬だけは踏み込んでもいい限界距離というのもあるのだ。

幸いにして、カラスたちは基本的に、実験に協力的だった。いやまあ、パン屑に惹かれて右往左往している、ということなのだが。周囲を見ていると、ハトに餌をやっている人は時々いるが、ハトの後ろに控えているカラスにまで餌を与える人は少ない。むしろ、カラスが寄って来ると「お前じゃない」とばかりに追い払われている。「こいつはカラスに優しい」と気付いた途端、カラスはわらわらと集まって来る。

そのせいだろうが、腹を空かせたカラスが複数、投げたパンに向かってすごい勢いで突進して来ることがあった。こういう時は一瞬の差で早い方が勝つ。1羽が先に足を止めてしゃがみ込み、頭を下げて、パンをパクッとくわえる。そこにもう1羽が突っ込んで来て、激突する。そして、見事に相手の背中を転げ越えながら地面に落ち、「がー！　ぐわー！」と非難がましい声を上げる。鳥は目が真ん丸なので、余計に「何すんねん！」みたいな顔に見える。仰向けに転がったカラスなんて、そうそう見られるものではない。

かわいいなあ、カラス。

「カラスに餌をやらないか」

実験してわかったのは、カラスは餌をやっているとどんどん数が増えること、個体数によって振る舞いが変わるかもしれないこと（他個体の行動に釣られることから見て、おおいにありそうなことだ）、「留まっていても怖くない」距離と「一瞬だけなら我慢できる」距離という二つの基準を持っていること、だった。もう一つは「ドバトが多すぎると実験にならない」だ。

さて、予備実験を何度かやってみて、さらにわかったことがあった。

まず、この実験は立ってやるべきではない。人間の体は、想像以上に、フラフラと動いているものなのだ。特に物を投げる動作がいけない。この時、よほど意識していないと上体が動く。そして、同時に足の構えやスタンスも動く。カラスはこれを非常に嫌がった。体幹が動いた瞬間に、カラスがサッと飛び下がるのである。つまり、カラスにとって「急に動き出そうとする相手」は常に警戒の対象、ということだ。ベンチに座っていると動きが小さくなるので、それほど警戒しない。

実はこれによって「身長と接近距離を比較する」という大前提がガラガラと崩れてしまったのだが、「相手の高さ」という意味では座高でも一応いいだろう、と考えるしかなかった。「カラス観察ギプス」で体幹を固定するわけにもいかないからである。人によって身長と座高の関係は異なるのだが、座高計を持ち込むのもいかがなものか。ここはもう、「芸能人かファッションモデルでもない限り、そんなに極端には違わないだろう」と思うしかなかった。

次に、人間が多すぎる時にやるべきではない。子供が走り回っていたりすると、カラスはすぐ逃げる。ネコおじさんが餌を持って来た時もダメだ。ビニール袋いっぱいの鳥皮を持ったおじさんが相手では、パン屑には勝ち目がない。カラスは全部そっちに持って行かれてしまう。

そして、最も重要なことは、「カラスの接近距離は、私という同じ人間に対してでさえ、日によって全く違う」ということだった。そのため、二人の人間が餌をやり、私に対する接近距離を基準として、実験者への接近距離は基準の何パーセントになるかを計算することにした。仮説が正しければ、私より背の高い実験者への接近距離は100パーセントより大きく、私より背の低い実験者への接近距離は、100パーセントより小さいはずだ。

かくして、私は昼休みの生協前に陣取り、昼食を取りに来る知り合いに声をかけまくった。同じクラスの友人はもちろん、サークルの友人や後輩、実習で知り合った人、学園祭で模擬店が隣だったヤツ、もうなんでもありだった。私はさして社交的な方ではないので、あそこで一生分、人に声をかけてしまった気がする。それにしても、いきなり「カラスに餌をやらないか」と言われて、無償でホイホイ手伝ってくれるのだから、大学の友達というのは実にありがたいものである。

カラスは新聞を読むか?

友人が捕まらない時も、一人でカラスを観察しに行くことはよくあった。そういう時、カラスを眺めていると、非常にいろいろなことに気付かされた。

あるハシボソガラスがテクテクと歩いていて、落ちていた新聞紙の横で足を止めた。じっと紙面を見ている。すごい、新聞を読むのか? と思ったが、見ているのは生命保険の広告だった。多分、カラスには適用されない。オオタカ捕食特約とかいりそうだし。

カラスがじっと見ているのは、どうやら丸太の形をしたアイコンだ。影付きで立体的なアイコンなので、気になったようだ。首を傾げながらしばらく見ていたカラスは、いきなり嘴で「コン！」とアイコンをつついた。それからまた、テクテクと去って行った。

また別のハシボソガラスは、どこかでフライドチキンを見つけ、大喜びでくわえて飛んで来た。ベンチの近くの、木の根元に舞い降りると、足で踏んで食べようとした。その時、樹上でバサッと音がした。1羽のハシボソガラスが、2メートルほど上の枝に止まったのである。

途端、餌を持っていたカラスの頭の羽毛がサッと逆立った。それからピタリと後ろになでつけられた。そして、餌を放り出して飛んで行ってしまった。つまり、興奮して、緊張して、逃げたのだ。

どうやら、枝に止まったカラスはずいぶんと地位の高い、怖い個体だったようだ。確かに体が大きく、羽の色艶《いろつや》も良く、傲然《ごうぜん》と首を伸ばしてふんぞり返った個体だった。こいつの前で餌なんか持っていたらひどい目にあわされる、と判断したに違いない。だが、なんとも皮肉なことに、この時、この強い個体は本当にたまたま、枝に止まっただけだった。餌を持っていた1羽が飛び去ったのを見て、初めて「ん？ 誰かいたの？」と首を伸ばして覗《のぞ》き込んでいたのである。それから、こいつは地面に放り出されたフライドチキンを見つけ、ヒョイと下りて来ると食べてしまった。

カラスの順位とは、かくも苛烈なものなのである。

カラス社会も大変だ

実験中、私を取り巻く「カラス前線」を見ていると、順位が高いか低いかはだいたいわかった（ただし、個体識別ができていないので、翌日見たって誰が誰かはわからない）。強い奴は羽の色艶がいい。そして、傲然と胸を張り、首を膨らませて、グイと伸ばしている。どうやらハシボソガラスのアピールポイントは、この偉そうな姿勢だ。

また、真っ先に私の目の前まで飛び込んで来るのは、強い個体ではない。むしろ、生きるか死ぬかの分かれ目にあるような弱い個体だ。彼らは危険を承知で人間に近づいてでも餌を取らないと、死んでしまうからである。しかも人間の近くにはライバルが少ない。その後方、人間の真正面で待っている奴は、なかなか色艶がいい。左右は少し弱そうだ。つまり、真正面という「パンが飛んで来そうな位置」で、かつ十分に距離を置いた場所、でも最前線、というのは、給餌を待つには最適な位置なのだろう。そこを占有できるということは、こいつはそれなりに地位が高いのだ。

よく見ると、「カラス前線」は完全な円弧ではなく、楕円ないし放物線状である。私の正面は少し遠く、左右に外れるとちょっと近くなる。それでは、とベンチの上で体の向きを少し変えると、その方向のカラスたちがざわっと退く。後ろ向きに歩くのではなく、横を向いて、横っ飛びにピョンピョンと逃げてから、向き直ってまたちょっと近づくのだが、逃げる前よりは少し距離を空けている。なるほど、人間の真正面はちょっと怖いらしい。基本的に動物は体を向けた方向が攻撃方向だから、真正面とは「やられやすい位置」でもあるのか。だから、安心して留まっていられる距離が遠いのだ。

カラスが多い時は、私の後ろにも回り込むことがある。もしかして、と思ってサッと振り向くと、後方はもっと距離が近かった。背後をいきなり攻撃することはない、と知っているのだ。

そして、集団の中で一番強いカラスは、どうやらパン屑争奪戦には加わらない。そんなことをしなくても餌は取れるのだろう。

だがある時、そのカラスが「何してんだ?」と寄って来たことがあった。

この時はうっかり、最弱クラスのボロッちい個体がパンをくわえたままそいつの前に下りてしまった。かわいそうに、この弱い個体はいきなり噛み付かれて引きずり回され、餌を放り出して逃げてしまった。そして、恐れをなした周りのカラスたちが後ろに下がり、花道を開けたのである。ここで注意しなくてはいけないのは、最強個体はパンが欲しかったのではないらしい、ということだ。攻撃自体は単純にイラついただけかもしれないが、結果として、強い個体は餌へのアクセス権を得た。

最強個体はグイと胸を張って、傲然と顎を上げて最前線に出て来た。ここで、こいつの前にパンを投げたら何が起こるだろう？　他の個体は恐れて手を出さないだろうか？

パンを投げると、カラスは飛んで来るパンを目で追い、一斉に首を巡らせる。そして、我先にと首を伸ばして取ろうとする。まるでブーケトスだ。時にはジャンプして空中でヒョイとキャッチすることもできるので、なかなか器用である。だが、カラスの少し前にパンが落ちて、コロコロと転がって来たら……？

強い個体はサッと首を伸ばそうとした。だが、それより速かったのが、両側に控えていた2羽だ。彼らは従順に頭を下げていたので、もともと頭の位置が地上に近かった。その結果、何度やっても、最強個体はパンを取り損ねるのだった。だったら頭を下げて待っていればよさそうなものだが、そういうことはしたくないらしい。そして、両側に控えている2羽も、一応は遠慮しているように見えて、餌に対しては遠慮がない。

カラスの社会もなかなか、面倒なものである。

観察中の鳥屋は目つきが良くない

だが、面倒さで言えば、人間の社会も負けてはいない。

平日の昼間からベンチに座っている人間は、あまりいない。だから実験に適しているのだが、いささかありがたくない人たちがやって来る場合もある。

ある日、私一人でパンを取り出し、いい感じにカラスを集めて、カラスを観察しようとしていた時のことである。事もあろうに、集まったカラスの群れのド真ん中を通り、カラスを蹴散《けち》らしながらこちらに歩いて来た男性がいた。普通、カラスの集団がいれば、人は避《よ》けて通る。よほど動じないか、カラスが目に入らないのか。どちらにしても実験としてはまずい。せっかく集めて数えて記録したのが全部無駄になった。

その男性は仮面のようなニコヤカな笑顔を貼り付けて私の傍らまで来ると、「〇〇様の教え」について、ニコヤカに説き始めた。私は双眼鏡を目に当てて「観察中につき近寄らないでください」オーラを全開にしたのだが、神様だか仏様だかに全てを委ねたご仁には、そういった俗世の雑事は目に入らないらしかった。

観察中の私はあまり目つきが良くない。第一、双眼鏡を覗いている鳥屋には、声をかけにくいと言われたこともある。まして私は相手の言葉に一切反応せず、チラリと横目で一《いち》瞥《べつ》しただけなのだ。そんな相手に一切動じず、滔々《とうとう》と教えのありがたさを説けるというのは大したものである。大したものなので、早くどこかに行ってほしい。

要するに、相手の要求は「一緒にちょっと手を合わせて拝んでほしい」ということだった。それくらいなら10秒で終わる。だが、その男性は余計な一言を付け加えた。

「私の修行にもなることやしね」

ちょっと待て。なんで観察を邪魔された上に他人の修行を手伝わねばならん。そもそも、腹を空かせたカラスを蹴散らしてもなんとも思わないどころか、どうやら最初から目に入ってもいないような宗教は感心しない。私は相手を一睨《ひとにら》みすると黙って荷物を担ぎ上げ、観察ポイントを変えた。

しばらく後で、どうやら同じ宗教らしい別の人が、また来た。そして、またカラスを蹴散らした上に観察を邪魔された。この時は早めに「すいません、調査中なんで」と何度も言ったが、相手は一切、聞く気がなかった。カラスに対しても、私の邪魔をしていることに対しても、一切の言及がなかった。おそらく、俗人の言葉などという雑音は耳に入らないのであろう。だが、即物的な現世の理《ことわり》を追究する理系の学生にとっては、大いに問題であった。私は「邪魔だからあっちへ行ってくれと言ってるだろう」と、ハードボイルドな声音で告げた。すると、何事にも感謝という教えなのであろう、その老婦人は「邪魔だからあっちへ行け、○○様、ありがとうございます」と唱えると去って行った。だが、その前に一瞬、ニコヤカな笑顔がピキッと引きつったのを見逃すほど、動物学系の大学生の目は節穴ではなかった。

彼らはアプローチをまるっきり間違ったのである。あそこで「へえ、カラスも面白いですねえ」とでも話を合わせ、カラスにパン屑を投げてやり、実験に協力してくれれば、私はどこの神様だろうと仏様だろうと、大喜びで手を合わせて拝んでいたことであろう。

「餅屋のおねえさん」が一番好き

さて、こうして実験をやり、まとめた結果は概《おおむ》ね予想した通りになった。カラスは一般に、背の低い相手によく接近する。一番近づいたのは、私の知り合いの中で一番身長の低い人だった。名前は知らないのだが、学園祭の時、隣のテントで餅を売っていた理学部の人だ。データには「餅屋のおねえさん」と書いてある。

身長の高い方は180センチを超えるあたりで飽和するらしく、それ以上の身長ではあまり遠くならなかった。友人の中で一番背の高い、身長190センチ級の一人にも手伝ってもらったのだが、185センチの友人と大差なかった。もっとも、単純な身長ではなく、体の横幅の問題もあるかもしれなかった。背の高い一人は痩せているが、185センチの友人は大変、恰幅《かっぷく》が良かったからである。

一番興味深かったのは、身長160センチから170センチ、同じ身長帯で、男性も女性もいる、という領域である。この範囲に限れば、「同じ身長でも男女差があるかどうか」を確かめることができる、はずだ。

と・こ・ろ・が。ここで私の人脈の限界が訪れた。この範囲、女性としては背が高い方で、男性としては低い方になる。もともと母集団が少ないのだ。私の知り合いで、かつ口説き落とすことができた中で、この範囲に入るのは合わせて5人だけだった。非常に残念なことだが、統計検定を行うにはサンプル数が少なすぎる。男女5人ずついれば、なんとかなったのだが。

かくして、実験としては、いろいろとデザインもサンプル数も問題があって、良い結果とは言えなかった。この研究の一番の成果は、カラスというものの行動を間近に見られたこと、それに尽きる。

第2章

天国に一番近い地獄

カラス屋、トリ天へ降り立つ

夜になって暑さはいくぶんか和らいだが、湿度は変わらない。汗が吹き出す。そして、空気に漂う生臭さと油臭さ。この島の臭いだ。

グエ、グウ、グウ、という声が、暗がりから無数に聞こえて来る。周囲を取り囲まれたようだ。時折、闇《やみ》をつんざくような「キュウ！」という声も混じる。頭上で風を切る音が聞こえ、バサバサと木の枝が鳴った。振り仰ぐと、何かが蠢《うごめ》いているのが見える。

まだ集まって来ているのか。一体どれだけ増えるんだ。

踏み出した右足の下がかすかに沈んだ。ヤバい！　ここは危険なところだ！　全身の筋肉を緊張させ、右足をそっと引き寄せ、別のところに足を置く。よし、ここは大丈夫。

途端、ガサガサ、ドサッと音を立てて、目の前に白く大きなものが落下して来た。一瞬、体が硬直する。どうしよう？　やるか？　手首の真新しい傷に目をやる。だが、やらないといつまでも終わらない。バンドエイドを貼った傷は癒えるどころか、まだ血が流れているというのに。ええい、ここは地獄か！

いいえ、天国です。鳥の。

1996年夏、大学院に入ってすぐ、私は冠島《かんむりじま》のミズナギドリ調査に参加した。冠島は京都府、舞鶴湾《まいづるわん》に浮かぶ無人島である。長さ約1・3キロ、幅約400メートルの小さな島だ。人は住んでいない。神社があるが、これも無人だ。

さて、この島にはオオミズナギドリが繁殖しに来る。この島はミズナギドリ目に分類されるが、ミズナギドリがミズナギドリ目、というのは今ひとつ情報としての価値が小さい気がする（カラスがスズメ目、なら多少の意外性があるのだが）。昔の言い方なら管鼻目《かんびもく》で、アホウドリに近い仲間だ。管鼻目というのは、嘴に沿って管状のカバーをつけたような鼻孔《びこう》から名付けられている。

ミズナギドリ類はアホウドリほど大きくないが、姿は似ている。細長い翼を操って海上を飛び、上空から海に飛び込んで魚を捕まえて食べる習性も同じだ。オオミズナギドリの体長は40センチ余り、ハシボソガラスより少し小さい程度。だが、翼を広げると120センチくらいあって、カラスよりも長い。

この鳥、日本各地の島で繁殖しているのだが、ほとんどの繁殖地は無人島である。地上ではドンくさいので、捕食者がいるとすぐ捕まってしまうからだ。おまけに秋になると親だけで先に南へ渡ってしまい、飛べない雛《ひな》が1ヶ月ほど放置される。人間もミズナギドリの雛を食べる場合があったし、人間が移住するとイヌ、ネコ、ネズミ、イタチなどが一緒に入って来るので、こういった捕食者に徹底的にやられるのである。ちなみに雛は放置されるまでにたっぷりと餌をもらっており、親よりも重くなっている。親がいなくなると溜《た》め込んだ栄養で換羽《かんう》し、自力で飛び方を覚えて、南へ向かって生まれて初めての旅に出るのだ。

逆に言えば、ミズナギドリが繁殖できるような無人島は、はっきり言って鳥天国である。歩行者天国がホコ天なら、これはトリ天。決して鶏の天ぷらではない。この調査を主導しているSさんには「え？　どんなとこって？　おもしろいよー、んふふふー」などと聞かされていたが、まさか天国とは思っていなかった。なにせ、わずか22ヘクタールほどの面積しかない島に、20万羽とも言われるミズナギドリが集まっているのである。

さて、この冠島だが、色々と特殊な場所だった。まず、この島自体が天然記念物なので勝手に上陸してはいけない。地元の教育委員会に調査許可をもらう必要がある。

次に、交通手段。定期便などはないので、漁船をチャーターする手が一つ。もう一つは、舞鶴の海上自衛隊に協力をお願いする方法である。この場合は自衛隊の船で島まで送ってくれる。我々は後者を選んだ。島には接岸設備がないので、船は少し沖に停泊し、ゴムボートで上陸だ（漁船なら吃水《きっすい》が浅いので、浜に乗り上げられる）。そのためのフロッグマン部隊も来てくれる。船は古い掃海艇《そうかいてい》のように見えたが、ボートとフロッグマンを乗せていたところを見ると、おそらく水中処分隊の特務船（機雷処理チームの母船）だったのだろう。

さて。

この冠島、一応井戸はあるのだが、海水が混入していたりして、飲用として不適である。調査は2泊3日。その間の水は全て、各人が持ち込む必要がある。それまで経験していた屋久島は「どこにでも水だけはある」という島だったので、これには面食らった。

人間が一日に口にする水は1・5リットルから2リットルと言われている。多めに計算して、3日なら6リットル。10リットルあれば、万が一のアクシデントで2日延びても死にはしない。頑張ればさらに引き延ばせる。つまり、この調査で何より大事なのは、10リットル入りのポリタンクなのであった。

なるべく水を使わない食事ということで重宝したのは、レトルトカレーとパックご飯である。調理と違い、パックを湯煎するのに真水を使う必要はないからだ。海水を汲み、ここにレトルトパックを入れて火にかけておけばいい。麺を茹《ゆ》でるのではないから、別にたっぷりのお湯である必要もない。むしろ、みんなのレトルトパックをギュウギュウに押し込んで隙間に水が入っている程度の方が、燃料が無駄にならない。

この時はSさんが分厚いアルミホイルの鍋みたいなものを海岸で拾って、これをキャンプの備品にした。海水で温めたレトルトパックはごく普通に食えたが、中身を出している時にどうしても少し海水が混じるのか、ちょっと塩辛いような気もした。

島全体が鳥臭い

この調査は夜、鳥たちが島に戻って来たところを狙う。ミズナギドリは一度採餌に出ると数日戻らないことも多いが、ものすごい数のミズナギドリがてんでに行動しているので、毎日、一部分は島に戻って来る。一部といっても大した数だ。これを捕獲して標識するのである。

夕方、島の周辺に集まって来たミズナギドリが集団で飛び始め、島の周囲を旋回する。日が沈んで暗くなった頃、この島の環《わ》が崩れ、ドッと島に飛び込み始める。ギャアギャア、キュウキュウと鳴く声が頭上にあふれたと思うと、キャンプ周辺の樹上に何かが突っ込んだ。ライトを向けると白いものが枝に絡まるようにしてもがいている。ミズナギドリである。

だが心配はいらない。これが、彼らの「着陸」なのだ。ジタバタしていたミズナギドリは枝から抜け出し、ボトッと落ちて来る。どうかするとラーメンを煮ている鍋に落っこちそうになる。地面に落ちるとヒョイと立ち上がって、テクテクと歩いて行く。実に頑丈な鳥である。

島じゅうが鳴き騒ぐミズナギドリの声でいっぱいだ。鳥天国というか、ちょっと鳥地獄的でもある。あと、島全体が鳥臭い。鳥の糞《ふん》の臭いと、海鳥特有の油臭い臭いがしみついている。海鳥の羽毛は完全防水で、尾脂腺《びしせん》から出るワックス状の分泌物を入念に塗り込んであるからだ。バブアーのオイルド・ジャケットの臭いである。

今回行うのは、地面を歩いて巣穴に帰る鳥をとっ捕まえて、足環《あしわ》がついているかどうか確かめるという調査だ。ついていたらナンバーを読み上げ、Sさんが「何番の個体を何年何月に再捕獲」と記録をつける。足環がなければ新たに取り付けて「何年何月に標識」と記録しておく。この記録を照合すると、「10年前に標識した個体がまだ生きている」とか

「日本で標識された個体がフィリピンで再捕獲された」などの結果が得られる。これを積み上げてゆくと「ミズナギドリの寿命は」「日本で繁殖したミズナギドリはどこに渡るのか」といった謎が解明されて来るわけだ。だから、こういう基礎的な調査は、地味だろうがなんだろうが継続的に行わないと意味がない。

この調査をやっている時、注意しなければならないことがある。冠島の地中は、ミズナギドリの巣でいっぱいなのだ（なので、営巣地域には決して踏み込まず、海岸に網を張っておいて飛び出して来るミズナギドリを捕獲すべきだ、という研究者もいる）。

ミズナギドリは地面にトンネルを掘って営巣する。斜面であれば横穴を掘るが、平地だと縦に穴をあけて、それから横に掘りぬく。そのため、地表面の下の浅いところに巣穴が来ていることも、しばしばだ。これがくせ者で、うっかりトンネルの上に体重をかけると踏み抜いてしまう恐れがある。もし地面が沈むようなら、そこは踏んではいけない。そっと乗せた足下がしっかりしているのを確かめてから、次の一歩を踏み出すのが鉄則だ。

鉄則なのだが、規則をどう守ろうが、失敗することはある。

年上を踏んじゃった！

調査に向かう途中、そっと右足を置いて地面を探《さぐ》り、「よし」と左足を上げた途端、右足がずぼんと沈んだ。しまった、沈む感触がないので大丈夫だと思っていたのに、全体重をかけたらダメだったか。こういう時は慌ててはいけない。慌てて右足を上げると、今度は左に荷重がかかって、こっちも踏み抜くことがある。とにかく、慎重に歩くことと、体重をなるべく分散させること、そして足の裏の感覚を研ぎすましておくことだ。我々はこれを「マインスイーパー（地雷除去）」と呼んでいた。

それはともかく、踏み抜いてしまった巣穴に鳥がいたら閉じ込めてしまう恐れがある。慌てて土をどけていると、掘っている土が下からモコモコと動き、「キュウ！」と不機嫌な声を上げて鳥が顔を出した。わあ、踏んづけちゃった！

幸い、ミズナギドリは無事だった。日常的に枝に激突したり地面に落ちたりしているだけあって、ある人に言わせれば「こいつら何やっても死なへん」ほど頑丈である。申し訳ないが捕まえて足環を確かめると、白っぽく粉を吹いたような金属リングがついている。よし、標識個体だ。

ライトを向けて、読もうとして困った。腐食していて全く読めないのだ。ライトの角度を変えて、陰影を手がかりに1文字ずつ読もうと試みる。最初はKだろうか？　次は4

……いや、Aか？　次はMか、Nか？

「松原さん、それ何番？」

「読めません！」

「読んで！」

ひでえ。読める文字をなんとか叫ぶ。

「K、A、次がMかN！」

「そんな番号ないよー。だいたいなんでそんな読めへんの」

「完全に錆《さ》びてるんです」

「ええ？　このリング、そんな錆びへん奴やで」

言われてみればそうだ。他のリングは青みがかった鈍い光沢のある、分厚いリングだった。ニオブを加えた高耐蝕性《こうたいしょくせい》ステンレスだったか、海水でも錆びない素材と聞いている。これはもっと薄っぺらくて、そもそも素材が違いそうだ。

「あ、ひょっとして、それアルミのリング？」

「そんな感じです」

「環境庁リングや！　環境庁って書いてへん？」

ああ、わかった。なるほど、最初の文字列はKANKYO-CHOなのだ。その後ろに桁《けた》数の少ない数字がある。標識調査を始めた頃に使っていたリングらしい。なんとか数字を読み取ると、Sさんが束ねた記録紙をめくり、うんと古い番号を探した。

「それ、24年前。24年前に成鳥につけたって書いてるわ。うわー古いなー、うはははは」

ミズナギドリが巣立って、成鳥になって生まれた島に戻るには3年かかる。つまり、この島で成鳥として捕獲されたなら、その時点で既に3歳にはなっている。ということは、この鳥は、若くとも27歳なのだ。ちなみにこの時、私は27歳。おそらくこの鳥の方が年上だろう。

わあ、年上を踏んじゃった。失礼しました、先輩。

ミズナギドリと付き合うにはコツがいる

ミズナギドリを捕獲するのは頑張ればできるが、問題はその後だ。お互いの安全を保ったまま鳥を保定《ほてい》するには、ちょっとしたコツがある。

まず、左手の親指と人差し指で首を握る。鳥の首は意外に細いから、結構キュッと握ってしまっても大丈夫だ。これが甘いと指を振りほどかれ、フリーになった頭で嚙み付きまくられる。

こうやってぶら下げた鳥のお腹を上にして、前屈させる。そして中指と薬指の間に左脚、薬指と小指の間に右脚を挟んで握る。これで蹴飛《けと》ばすことも引《ひ》っ掻《か》くこともできなくなった。あとは翼をパタパタさせるばかりだが、鳥が怪我をしないようにだけ注意しておけば、それほど脅威《きょうい》ではない。あと、鳥は仰向けにして押さえると大人しくなる。右手で翼ごと体を握って閉じさせておく方が安全ではあるが、右手はこの後、リングをつけなくてはいけない。

Sさんに渡されたリングの番号を確認し（間違った番号を記録してしまったら調査の意味がないので、念のためである）、C字形をしたリングをミズナギドリの脚につけ、プライヤーでギュッと締めて、Cの開いている部分を閉じる。リングを90度回してもう一度プライヤーで締める。これで歪《ゆが》みが取れて、真円に近くなったはずだ。リングがクルクルと軽く回転して、脚に当たったり、挟んだりしていないことを確かめれば、リングの装着は完了である。鳥を放してやると、キュウキュウ言いながら巣穴に向かって一目散に歩いて行く。

とまあ、これが原則なのだが、ヒョイと顔を上げた私は愕然《がくぜん》とした。

Fさんが両手に2羽持ちしている。それはいいとして、Wさんは両手に2羽ぶら下げ、さらに脇に挟んでいる。一体どうやったらそんなことが？

まあ、やればできるものだ。ウジャウジャいるミズナギドリを捕まえているうちに、私も気付いたら片手に1羽ずつ持ち、さらに両脇に1羽ずつ挟んで4羽持っていた。

ドンくさいけど走るのは速い

地上では動きがトロいと言われるミズナギドリだが、あれで結構、走るのは速い。平地を全力で競走すれば勝てるだろうが、実際には障害物や斜面の多い林内をチョコマカと逃げ回るのである。こっちはしゃがみ込まないと手が届かないし、しゃがみ込んだら走れない。しかも足下がお留守になると、巣を踏み抜いてしまう。

だが、追いかけなくても捕まえられる場合がある。巣穴を覗き込んでみると、中にミズナギドリがいることがあるからだ。

申し訳ないが、こういう「バロウ（潜っている）」個体も、見つけ次第、巣穴に手を突っ込んで引っ張り出す（産卵前の時期なので、抱卵《ほうらん》を邪魔する心配はない）。手を入れると噛み付いて来るが、分厚い軍手をしていればなんとか耐えられる。むしろ、手を噛ませておいて、そのまま頭を握って「はい、出ておいで」と歩かせるのが手っ取り早い。

そしたら、ハンドリングに慣れた頃に、やられた。噛まれてもいいよう、暑いのを承知で長袖と軍手だったのだが、唯一カバーされていなかった時計の上を噛まれたのだ。腕時計も袖口の下にしておけばカバーできるが、時々、時刻を見るために袖から出す必要があり、そのまま戻していなかったのだろう。嘴は時計のガラスに当たって滑り、バンドと袖口の間にわずかに出ていた皮膚に突き刺さった。そのままギリギリと食いつかれる。

ミズナギドリは小魚やイカを捕らえるため、嘴の先端部が鉤《かぎ》のように曲がっている上、非常に鋭い。嘴はみごとに手首をえぐり、小さいが深い傷が残った。この跡は確か、その後5年くらいは残っていたはずである。

そこまでひどくはなくても、噛まれる、引っかかれるのはいつものことだ。生物調査は生傷覚悟。もっとも、普段モズを調査していた人は「この子噛んだ〜、でもモズより痛くない〜」とおっとり笑っていたから、まあ、その程度である。というか、あれより痛いって怖いな、モズ。

リングをつけた個体を巣穴に戻す時、ミズナギドリの顔を突っ込んでやると、自分の巣穴なら勝手にごそごそと入って行く。自分の巣穴ではない場合、「イヤイヤ」と首を振りながら、後ずさりしてくる。どうやら、彼らは自分の巣穴の臭いがわかるようだ。

鳥は一般論として、さして嗅覚の発達した動物ではない。視覚や聴覚に頼る部分が非常に大きいし、臭いで餌を探すそぶりもあまり見せない。だが、臭いがわからないというわけでもなく、明らかに嗅覚を使っているものもある。中でも代表的なものがミズナギドリ目（管鼻目）である。

鳥の鼻孔は嘴の付け根あたりに開口している。ミズナギドリ目も場所は同じだが、その鼻孔にはカバーがついていて、管を埋め込んだような形をしている。開口部は前向きだ。彗星《すいせい》の過給器用エアインテークのような（といってもわからないかもしれないが）、あるいはマツキＭＣ．２０５のオイルクーラーのような（余計にわからないと思うが）、いかにも「飛びながら空気を取り入れます」といった構造である。実際、この仲間はオキアミの臭いを探知できることがわかっている。オキアミ自体も海鳥の餌になるし、オキアミを餌とする魚も集まって来ているだろうから、その臭いが探知でき、さらに臭跡を追って飛べるというのは、広い海の上で餌を探さなくてはならない海鳥にとって、非常に有益だろう。

ちなみに、我々はこの島で真水の入手に苦労しているが、海鳥は海水を飲んでも大丈夫である。体内で塩分を濾過《ろか》し、余分なミネラルは塩腺《えんせん》から体外に排出する。開口部はまさにこの、エアインテーク状の鼻孔付近だ。

ミズナギドリたちの発進台

明け方、ミズナギドリの飛び立ちを見に行く。

御蔵島《みくらじま》などでは「木に登って飛び降りるミズナギドリ」が有名で、そうやって飛ぶものと思われているかもしれないが、彼らは別に木の上からでなくても飛べる。だが、平地から飛び立つのは苦手なようだ。まして、その場から普通にヒョイと飛び立つことは、ほとんどできない。

冠島のミズナギドリたちは、明け方になるとキュウキュウ、グウグウと鳴きながら、山を登って行く。これについて行くと、彼らの「発進台」があった。急斜面を登ったところにちょっとした崖があり、そこに斜めに木が突き出している。その周囲も、多少は開けて空が見えているところがある。ミズナギドリたちは、あるものは木によじ登って、あるものは岩に乗って、あるものは斜面を駆け下りながら、てんでに速度を稼いで発進してゆくのだった。

発進した直後は非常に危なっかしく、大きく右に左に傾く上、方向がうまく定められないようだ。せっかく飛び立っても枝にぶつかって墜落し、またえっちらおっちら登って来るものもいる。飛行機で言えば、翼端失速《よくたんしっそく》を起こして制御が利かなくなっている状態のように見える。空間が狭すぎて翼を広げきれないのか、速度が足りないのか、かなり際どい発進なようだ。広い空に飛び出してしまえば、翼を広げて風を受けることで姿勢を立て直せるのだろう（註1）。

また、発進中も羽ばたいてはいるのだが、あまり加速しているようには見えない。あの細長い翼は、瞬間的な加速が苦手なようだ。ミズナギドリが飛ぶ時は上手に波の上をかすめるように飛ぶが、全く羽ばたかないわけではない。というか、飛んでいる限りは、全く羽ばたかないのは無理である。風を利用すれば推力や揚力《ようりょく》の足しにはなるが、風頼りでは行き先を決められないし、風向きが変わってくれないことには出発点に戻ることもできない。第一、空気抵抗と重力に逆らい続けるためには、自分で推力を作るしかないのだ。

向かい風を受ければ翼の受ける風の速度が上がって揚力は増すが、当然、速度を失う。高度を稼いでは降下して速度に変換し、その速度で上昇してまた高度を稼ぐ、というのは良い手だが、空気抵抗というものがある以上、常にエネルギーのロスが発生している。ということは、どこかで手持ちのエネルギーがなくなる。結局どこかで羽ばたくしかない。

だが、彼らが羽ばたくのは本当に最低限、落ちすぎた速度や高度をちょっと補ってやる程度に見える。あとは、スノーボードのハーフパイプ競技のように、波の谷間へとスーッと滑り落ちては反対側にかけ上がり、波頭のすぐ上で体を反転させてまた滑り降りてくる。だから、船に乗っていてオオミズナギドリに出会っても、その姿は波間にチラチラと見え隠れするばかりで、非常にもどかしい。さらに、オオミズナギドリは背面が黒っぽい灰褐色、下面が真っ白なので、反転するたびに全く色の違う背面と下面が交互に見え、白い鳥と黒い鳥の2種が飛んでいるように見える。実際、オオミズナギドリの種小名は *leucomelas* で、「白黒」という意味だ。

海上には無事に飛び立ち、着水しているミズナギドリがたくさん見える。これから数日かけて飛び回り、小魚やイカを食ってから戻って来るのだろう。海面からなら、水かきのついた足で水面を蹴って滑走しながら飛び立てる。海岸からも飛び立って行くミズナギドリが見える。わずかな傾斜や段差を利用して、助走してから波をかすめるように発進して行くのだ。この時間帯にうっかり海岸を歩いていると、パチンコ玉のように飛び出して来た鳥に激突されかねない。

山の上の急斜面で、石に座って飛び立ちを見ている私の背中に、1羽のミズナギドリがよじ登って来た。嘴を背中に引っかけ、爪を立てて登ろうとして、また落っこちる。それはちょっと痛いから、勘弁してほしい。落っこちた鳥はグワグワ言いながら少し逃げて、そのへんの岩によじ登ると、ピョンと飛び降りて発進して行った。

真夏の無人島で、ティータイム

さて、そろそろ戻って、朝ご飯を食べて一休みだ。食後にはFさんがおいしいティーを淹れてくれる。

Fさんは海鳥の研究者で、山屋で、紅茶の達人でもある。キャンプ用のコッヘルセットについている平べったいヤカンと、小さなタッパー。それだけで、3日間、一日3回、一度も同じお茶を出さないという魔法を見せてくれた。ヤカンとタッパーの中から、何種ものお茶っ葉とジャムが出て来るのである。毎回、お茶の種類が違うか、飲み方が違うか、フレーバーが違う。

「これやったら、僕のおススメはアプリコットかなー。甘みが足らんかったら蜂蜜で調整してね」

Fさんはかわいい小瓶のジャムと蜂蜜をトントントン、と並べながら言った。

「コーヒーは挽き方とか焙煎とかいろいろ変数があって難しいけど、お茶は温度と時間さえ守ったら素人でもそこそこいい味のができるからね」

真夏の無人島で、ティータイム。その間、FさんやWさんの鳥談義を聞く。Wさんは小鳥の標識調査も行う予定なので、これを手伝いに行く。誰かが猛禽《もうきん》の羽を拾い、「プライマリー（初列風切羽）やな」と呟《つぶや》き、外弁の段刻を指し示す。翼の先端側の風切羽に特有の、羽の先の方が一段細くなる部分だ。院生の人に、小笠原のモズの話を聞く。クソ暑い中、海岸の岩の上で昼寝している人がいる。

鳥と鳥好きしかいない島で、のんびりと流れる時間だ。

私の記憶の中の冠島は、やっぱり、天国のようなところである。

註1——一般に海鳥は風に吹き戻されないよう、巡航速度が高い。そのために翼面荷重が大きな傾向があり、速度を落とすと失速の危険があるはずだ。また、発進直後は翼端を下向きに曲げて畳んでいるように見えた。あれでは復元力が働かず、体が傾いた時に回復させるのが大変なはずである。

第3章

味覚生物学のススメ

マンボウの味はアレと似ている

冒険というのは、自分の体をどこかへ運んで行くこととは限らない。漢字では「危険を冒す」と書くわけで、「それ大丈夫か」という状況に、わざわざ身をさらすことを言う。例えば真夏に鍋に入れっぱなしで忘れていた一晩寝かせたカレー。例えばどう考えてもメーカーの黒歴史になりそうな新味のスナック菓子。そういったものを前に、我々は日々、冒険へと飛び込んで行く。

2002年頃だったか。ある日、大学院の研究室に行ったらトロ箱が置いてあった。隣の研究室の人が懇意《こんい》にしている魚屋さんから届いたのだという。といっても京都の店ではない。東北の、その人の調査地にある店で、調査中は毎日のように魚を買いに行くらしい。京都に戻って、うまい魚が恋しくなると、「オバちゃん、何かみつくろって送って」と電話を入れれば届くのだとか。で、一人では食べきれないほど送ってくれるので、研究室に持って来てみんなで食べる、というわけだ。

さて、その中に見たこともない切り身が入っていた。柵《さく》にしてこのサイズということは、かなり大きな魚だ。だがこんな豆腐みたいな身は見たこともない。

正体は、マンボウであった。

そこに、ドアからヒョイとアランが顔を覗かせた。アランはM先生の共同研究者のアメリカ人で、研究のためしばらく日本に滞在している。どうやら帰るところだったらしいが、M先生が「アラン、魚が届いたからビールでもどうだい」と声をかけると、「Why not?（うん、いいね）」と笑いながら入って来た。こういうところが、彼はノリノリなのである。そして、目ざとくマンボウを見つけた彼は「見るのは初めてだ。ぜひ食べてみよう。どうやって食べるんだ？」と言い出した。持って来てくれた人に食べ方を聞くと「刺身かなあ」とのこと。ならば刺身にするか。他の魚も適当に盛り合わせてしまおう。

冷蔵庫を開けると大根が出て来たので、これを切って桂剥《かつらむ》きにし、端から刻んでツマを作る。丸ごとの魚は三枚に下ろす。アランはこれに度肝《どぎも》を抜かれたらしく、「いつも思うんだが、君たちはなぜそんなに料理ができるんだ？」と真顔で聞かれた上、「アメリカの大学にも料理という科目を作った方がいいな」と呟いていた。アメリカではこういうことはないのかと聞くと、何かのパーティを除けば教官と学生が一緒に飲むことはないし、飲むとしても店に行く、むしろ大学生のアルコール依存症が問題視されているという。

さて、出来上がった刺身の盛り合わせを皆でつまんでみたのだが、やはり話題の中心はマンボウである。白身の不思議な食感で、魚なんだか貝柱なんだかコンニャクなんだかよくわからない。味はあまりない。「加熱したらどうなるんだろう？」と誰かが言い出したので、刺身をフライパンで焼いてみた。すると水が出てすぐにボソボソと崩れて、軟らかいささみのようになってしまった。あまりうまくない。

アランは興味津々でマンボウを口にすると、「魚であるとは思うが、何かに似ている」と真剣に考え込んだ後、「そうだフグだ。味の傾向が似ていると思う。筋肉の繊維《せんい》の感じも似ているような気がする。だがフグほどchunkyではないね」と分析を始めた。chunkyは「カタマリ感」みたいな意味で、確かにフグのような、筋節《きんせつ》ごとに身がコロンと取れる感じはない。そして、「自分はマンボウの分類を知らないのだが、もしかしてフグに近縁なのではないか？」と言い出した。

え？　マンボウって分類上はどのへんの魚だっけ？　そういえば図鑑ではフグの次くらいに出て来たような？　魚類の系統図を探し、おおまかな分類をチェック……なんと、マンボウはフグに近縁！　アランすごい！

当のアランは「系統的に近いせいでタンパク質の構造やアミノ酸組成が似ていて、味や食感も似るということなんだろうね」と極めて冷静に論評した後、「ふむ、これを美食分類学《ガストロタクソノミー》と名付けて研究してもいいな。ビールも飲めるし」と付け加えたのである。

カラス屋、カラスを食べる

こんな具合で、大学の研究室というところは、ちょいちょい、妙なものを食える。ある日、私たちは一乗寺の平野の部屋に集合した。テーマは「ちょっと変わったものを食べてみる夕べ」。食べるのは、ハシボソガラスとハクビシンである。

参加者は私、そしてハクビシンの提供者である秋山。こういう時は忘れず顔を出すクボ、家主の平野。そして秋山の研究室に入った子で、カラスやってみようかな？　というミドリちゃん。ただし彼女はごく普通の女の子であって、この怪しい面子《メンツ》の中では浮き気味だ。

ハギスの中におはぎが交じっているくらい、浮いている。ちなみにハギスというのは刻んだモツや肉を羊の胃袋に詰めて蒸すか煮るかした、スコットランドの名物料理だ。ミンチの詰まったソフトボール、あるいは肉々しい餅巾着と思えば、だいたい合っている。こう書くと相当気色悪いものに思えるが、先輩の土産を食った限り、別にまずいものではない。ただ、見た目は想像に忠実に、気色悪い。

ハシボソガラスを持ち込んだのは私。こないだ調査地で死にたてほやほやの死骸《しがい》を拾ったからである。かわいそうに明け方の冷え込みで死んだのか、死後硬直《しごこうちょく》も始まっていないくらい新鮮だった。研究室に持ち帰って解剖してみたら、若い雄とわかった。生殖腺を探しても見当たらず、解剖に慣れた先生に見てもらってやっと見つけたのは、小指の爪の先ほどで白豆のような形をした、背骨の左右にへばりついている器官だった。春だというのに全く発達していない。繁殖していないということだ。

この個体が誰なのかは、だいたいわかっている。前日の調査中に見かけた、3羽の若い他所者《よそもの》のうちの1羽と見て間違いないだろう。

死骸を拾った日の前日、下鴨《しもがも》神社では、α《アルファ》、β《ベータ》と名付けた顔見知りのハシボソガラスのペアが怒りっぱなしだった。駐車場のハシボソペアも怒りっぱなしだった。馬場のハシボソペアも怒っていた。この3ペアの縄張り《なわば》の中に、3羽の若いハシボソガラスが下りて来たのである。どの縄張りの中に入っても追い立てられ、若造たちは縄張りの接する狭い隙間、直径10メートルほどの範囲に押し込められてしまった。

日没になり、私が調査を終了するまで、若い3羽はそこにいた。多分、夜もそこにいたのだろう。前日の騒ぎで、彼らはほとんど餌を取れなかったはずだ。そして夜半から真冬に戻ったような寒さ。かわいそうだが、餌不足のまま凍える夜を過ごし、朝は迎えたがもはや限界だったのだろう。

小鳥の中には、寒い夜には一晩で体重が10パーセントも減るものがいる。脂肪を燃やして体温を維持しているのだ。翌日の昼間にせっせと食べて減った体重を回復させなければ、夜の間に死ぬ。冬のスコットランドでの研究例では、セキレイが昆虫を捕まえるペースは秒単位だったという。何分に1匹なんて悠長なことをしていたら死ぬのである。私もチドリの消費エネルギーと採餌量について大雑把な計算をしてみたことがあるが、小さな餌しか取れない条件だと、やはり秒単位で餌がいるという予測結果になって驚いた。

翌日、朝早くに来てみたら、βが低い枝に止まって、下を向いてガーガー鳴いていた。昨日の喧嘩がまだ継続中か、と思ったが、それにしては相手のカラスが見えない。地上に向かって威嚇しているというのも妙だ。よく見ると、草の間に黒いものが見える。はて、黒猫だろうか？

覗き込むと、それは地面に転がるカラスの死骸だった。

ペアの片割れが死んだのかと心配したが、見ていたらもう1羽のハシボソガラスがやって来た。これはどうやらα君だ。すると、あの死骸は？　ああ、そうか。昨日の若い奴らの1羽か。

社務所に断りを入れてから、カラスの死骸を拾い上げ、ビニール袋を二重にして収容した。こんなこともあろうかと、デカいゴミ袋は常にデイパックの中に入っているのだ。何か拾った時とか、荷物を防水したい時とか、いろいろと役に立つ。

この死骸は研究室に持ち帰り、各部を計測した後で解剖した。性別と胃内容を見たかったからだ。性別は若い雄。消化管は完全に空っぽだった。かわいそうに、本当に何も食えなかったのか。ついでに皮を少し剝いでみたが、脂肪は全くない。野生動物だということを考えに入れても、かなり痩せていると言えるだろう。空きっ腹で凍死、という推測を裏付ける状態だ。

カラスも野生動物である以上、その生活は安全ではない。若いうちは特に、このように餌の取り合いに負けて餓死するものは多いはずだ。それ以外にも病気になったり、タカに襲われたり、防鳥ネットに絡まったり、路上の動物の死骸をつついているうちに自分も轢かれたり、いろんなところで死ぬものである。

さて、解剖して必要な情報は得られた。骨は動物系統学研究室の山崎君にあげるとして、この肉をどうしたものか。痩せているとはいえ、胸肉とモモ肉はそれなりのボリュームがある（もちろん、食肉用に品種改良されている鶏とは比べるべくもないが）。肉質は鴨ロースのような、暗い色の赤身だ。今朝は冷蔵庫のように寒かったし、死後硬直していなかったくらいだから、死後大した時間も経っていない。解剖しても臭くなかった。目のような脆弱《ぜいじゃく》な部位さえ、ほとんど傷んだ様子がない。これ、食ってみても大丈夫なんじゃね？　もちろん火は十分に通すけれども。

というわけで、食えそうなところを切り取ってみた。まずは胸肉を、さすがに病気や寄生虫をもらうのは嫌なので（ただでさえフィールドワーカーにはそういう噂が絶えないのだ）、焦げるくらい念入りに焼いてみた。よし、いくらなんでも、もういいだろう。シンプルに、塩を振って試食してみる。

……鶏レバー？　ハツ？

なんというか、すごく内臓っぽい。モツ系のねっとりした臭いがする。はっきり言えば、血の臭いだ。歯触りは硬い牛肉みたいだ。鶏肉のような、ほろほろした繊維質はあまり感じない。噛み締めてもジューシィとかいう感じはなく、ひたすら、ガシッと硬い。そして、噛んでも噛んでも血の味がする。それさえ嫌いでなければ、まあ食えない肉ではない。少なくとも、まずいとか臭いとかいうわけではない。

血の味は、これが自然死した個体で、血抜きしていないせいだろうか。ちゃんとシメて処理していれば、もう少し旨いのではあるまいか。適切に処理していない野鳥でこの程度の味なら、まあ悪くないだろうとは思う。しかし、ジビエを食う趣味でもない限り、わざわざ食べるほど旨いものとも思えない。

と思っていたら後で知ったのだが、カラスの肉は赤身だけあってミオグロビンを多く含み、加熱するとどうしても血というか、鉄っぽい風味が出てしまうらしい。レバーっぽいと感じたのはまさに正解だったのだ。レバーと同じで、焼けば焼くほど、この臭いは強くなる。かといって加熱が不十分では危険だ。また、個体によっては妙な臭みもあるらしい。下処理や加熱の具合など、かなり気を使わないとクセの強すぎる食材とも言える。

ちなみに、私が食べた時は周辺にいた人たちにも試食してもらった。結果は、「うまい」「まあまあうまい」が5人、「まずい」「まあまあまずい」が5人、「カラスなんか絶対食いたくない」が1人だった。

対象動物を食ってこそ一人前

このハシボソガラスの残りの肉を冷凍してあったので、それを持って来たわけであった。

一方、秋山が持って来たのが、彼が研究していたハクビシンの肉である。捕獲した個体が死んでしまったんだか、猟師から死骸を引き取って来たんだったか、とにかく食えるグレードのハクビシンの肉だ。秋山曰《いわ》く、「中国では宮廷料理だったんだぞ」とのこと。料理法を聞くと「よく知らないがスープにしたらしい」と言う。ふむ、では煮込んでみるか。

鍋を借りて、小さく切ったハクビシンの肉と葱《ねぎ》と生姜《しょうが》を入れ、コトコト煮てみた。そして、30分余り煮てから、出汁《だし》が出たかどうか味見してみた。

うむ、まったく、なんの味もしない。肉を食べてみると、ツルンとした白身だが、ひどく硬くてなんの味もない。鶏のササミをもっと素っ気なくしたようだ。

「すんげーあっさりしてる」

「味しない？」

「あかんな。もっと何時間も煮たら、どうかわからんけどな」

「どうする？」

「なんか出汁入れて誤魔化《ごまか》すか」

コンソメを入れ、塩、胡椒《こしょう》、醬油《しょうゆ》などで味を整える。カラスの方は簡単だ。塩胡椒を振って焼くだけだ。

私と秋山とクボはこういうものを面白がって食う方だ。部屋を提供してくれた平野も、我々の中では常識人だが、味見を拒絶するほどではない。問題はミドリちゃんである。彼女は修士課程に入ったばかりで、動物教室とか農学部といった人外魔境《じんがいまきょう》の洗礼を受けていないのだ。だが、「いや食わなくていいよ、何か別のものを用意しよう」と言うほど、当時の我々も大人ではなかった。「いや〜、ここは食べとかないと！」と笑いながら勧めた結果、ミドリちゃんは「対象動物を食ってこそ一人前の研究者」という噂を思い出し、泣きそうになりながらカラスの焼き鳥を食った。

後で聞いたところでは、このサバト（魔宴）が終わるなりコンビニに飛び込んでヨーグルトを買って食べ、必死でカラスの後味を消そうとしたものの、寝る時も何やら血なまぐささが残っていたと言っていた。未《いま》だに「あの時のカラスは生ゴミ味」と言い切ってはばからない（生ゴミってどんな味？　などという突っ込みは控えておく）。実際、生ゴミとまでは思わないが、焼き鳥屋でハツとレバーを食った程度の後味は残る。

この出来事のせいかどうかは知らないが、ミドリちゃんは結局カラスを諦め、他の動物を研究することになった。

ハクビシンの方は、最後までやっぱり、ただただ淡白なままだった。そこまでしても臭みも何も出ないのは獣肉としては大したものだが、同時に味も出ないのは困りものである。

よほど手を入れないとダメなのだろう。

最近になって知った、ハクビシンの正統な調理例は、次のようなものである。

ハクビシンの肉を湯通しして水洗いする。葱、生姜と共に炒め、スープを入れて短時間煮てから肉を取り出す。ニンニクと油を熱して香りを出し、ここにハクビシンを入れて油通しする。陳皮《ちんぴ》、生姜、ニンニクを炒め、椎茸《しいたけ》と焼豚（烤猪肉《カオツウロウ》）を加え、ここにハクビシンを戻し入れる。醬油、砂糖を入れて炒り付け、スープを加え、塩、紹興酒、オイスターソース等で味を整え、弱火で約1時間煮て、最後にとろみをつけて胡椒を振り、レモンの葉を飾る。

……ここまでするのか？　というかですね、茹でこぼしたり香味油を通したり、どうもかなり臭そうである。おかしいなあ、我々が食べたハクビシンはよっぽどクセのない個体だったんだろうか。

ミドリちゃんが思い出した「対象動物を食ってこそ一人前」というのは別に本当ではないが、一人前の研究者で、かつ対象動物を食ったことがある、という人がしばしばいたのは確かである。ある時、アメフラシを研究している方の話をゼミで伺ったことがあるのだが、その方も「アメフラシを食べたことがある」と仰っていた。「どんな味なんですか」

と聞くと、「すごくまずい。苦いというか、エグいというか……」と仰った。「そもそもなんで食べようと？」と聞いたのだが、「いやまずいのも理由があってですね、あれは捕食回避のために……」と説明された。

結局、その先生がなんでアメフラシを食べてみようと思ったのかは、謎のままだ。生物学者とはそういうものである。

マムシは、こう、ジュウシィに焼かんと

もっとシンプルに、野生に戻っちゃう人もいる。

大学生の頃だ。屋久島でサルの調査中、何人かで林道を歩いていた時、先頭にいた一人が「マムシ！」と叫んだ。実際それはマムシで、林道上にいたのだが、とにかくこの声を聞いた瞬間に全員が後ろに飛び下がった。これは結構、重要なことだ。本当に危険な場合、相手を確認する前に飛《と》び退《の》かなくてはいけないこともある。アフリカで類人猿を調査していると、「ジャングルで異常を感じたらとにかくジャンプしろ」と言われるらしい。毒蛇のように足下から襲って来る相手の場合、飛び上がれば空振りさせられるからである。

だが、一緒にいたY先生だけは違った。先生は眼鏡の奥で目を光らせると逆に前に飛び

出し、「枝ないか、枝！」と叫ぶと、「いや、もうええ！　あった！」と言いながら道端の枝を拾い、マムシに飛びかかったのである。瞬時に首根っこを押さえ、満面の笑みを浮かべながら「いや、これはゴッツいなあ！　かなりな大きさやないかい？」と言いながら60センチはあろうかというマムシを掲《かか》げてみせた先生は、「おう、誰かナイフ持ってるか？」と聞いた。深く考えずに腰のナイフを抜いて渡すと、先生は目の前でマムシの首を刎《は》ね、そのままビーッと皮を引っ張って、まるで靴下を脱がせるようにペロンと剝いてしまった。

え？　首はともかく、皮は今ここでやる必要、ありますか？　と思ったが、まだグネグネ動く血まみれのマムシ（の剝き身）をぶら下げたまま、先生の「マムシの食べ方講座」が始まった。

「マムシは蒸し焼きにするのがええんですよ。普通に焼くとパサパサになっちまうんやね。こう、ジュウシィに焼かんと」

「骨は柔らかいからこうチョンチョンッと切ってな、背ごし（魚を骨ごと輪切りにする造り方）にしても食えるんやけども、刺身はやっぱり寄生虫がなあ」

「アオダイショウはちょっと青臭いっちゅうからなあ。そらやっぱり、食うならマムシやろなあ。シマヘビはどうやったかなあ、松原君、食うたことあるか？」

ありませんし、知りません。

残念だが、この時、私たちは先生と別れて別のキャンプ地に向かったので、このマムシを味見することはできなかった。

初めてマムシを食ったのはその少し後、とある後輩のせいだ。

そいつは生物と見ればニタアッと笑って「これ、食えるんですか」と質問するので、「ゲテモノ食いのゲテ吉」と名付けられていた。普段は「ゲテキチ」を縮めて「ゲッキー」と呼ばれていた。そいつを見ているうちにふと思い付いて、別の後輩に「チョコチップゲッキーと粒つぶイチゴゲッキー、どっちがいい？」と聞いたら即座に「どっちもイヤです」という言葉が返って来た。

で、ゲッキーを含む何人かで山小屋に泊まっていた時、山歩きから戻ったら、謎の肉が置いてあったのである。その横には、ぺろんと剝いた皮も。どう見ても、マムシだ。

「これ、どうした」

「あ、ボクとって来ましたー」

やっぱりお前か。

さて、剝いてしまったのでは食うしかないが、どうやって食えばいいのか見当もつかない。皮を引いて洗ったマムシの身は青白く、ちょっと透明感があって、新鮮なサヨリのようだ。ヘビの体は全身が肋骨《ろっこつ》のようなものなので、身は背骨と肋骨の周りを覆うようについている。胸骨はない。つまり、腹側で骨格が繋《つな》がっておらず、断面にするとC字形をしているわけだ。

「これ、どうやって食うんですかぁ？」

「全然わからんが、まあシンプルに焼くか茹でるかが一番、味はわかるだろうなあ」

「じゃあ両方やりましょうよ！」

ゲッキーは大喜びで、マムシを半分に切った。そして、半分は網に載せてグリルにし、もう半分はコッヘルで茹でてみることにした。

まずはマムシのグリルである。これは寄生虫を警戒して焼きすぎた上、ゲッキーが胡椒をかけすぎたので、正直言って全く味がわからなかった。黒焦げでパリパリしてピリピリする何か、である。小骨が多いが、こんがり焼いてあるせいか、あまり気にせず食える。味はさっぱりわからない。焦げて苦いだけだ。まあ、少なくとも食えないほど、おかしな味はしない。

続いて、醬油を一垂らしした茹でマムシを試食してみた。パクッと食べようとすると骨が口に障《さわ》る。ヘビは全長の大半にわたって肋骨があるから当然だ。横から齧《かじ》りとるようにした方が食べやすい。

マムシは特にクセがあるとか生臭いとかいうことはなく、魚のような鶏肉のような、ごく淡白な味であった。一般に爬虫《はちゆう》類や両生類はクセのない白身で、鶏のササミのような感じで食べやすい。カエルやワニもそんな感じだ。

驚いたのは、試しにコッヘルに残った湯を舐《な》めてみた時である。こいつは大変いい出汁が出るのだ。身を食べるよりも出汁の方がうまいかもしれない。これは、意外な発見であった。結局このスープは捨てるには惜しく、そのまま、その日のシチューの出汁の一部になった。ただし、そう言ったら女の子たちの大ブーイングを食らった。

なお、言っておくが私はそんなに大したものは食っていない。せいぜい、昆虫くらいまでである。そういえば一度、正真正銘の「謎肉」を味見したが、詳しく語ると色々とマズいことがありそうなので、あまり触れないでおく。いや別に「ウミガメのスープ」とかではない。

屋久島で手に入れた肉は……

それはそうと、肉がすぐ食べられる状態で手に入るというのは、素晴らしいことだ。

屋久島でのサル調査中のこと。その日は前期調査の最終日で、打ち上げだった。シェフと呼ばれる料理上手な友人が料理担当で、私はそれを手伝って棒棒鶏《バンバンジー》を作っていたら、表で車が止まる音がした。

肉部隊が戻って来たようだ。当時、屋久島では毎週決まった曜日に豚が屠《と》畜《ちく》されて食料品店や精肉店に配送されていた。だからこの「肉の日」に肉がドンと並び、翌週に向かって品薄になって行く。今日は屠畜前日、予約しておかなければ25人前の肉なんて手に入らない。我々が調査のため、山中でキャンプしている間に、島に住む知り合いのAさんが豚肉を手配しておいてくれたので、何人かがそれを受け取りに行ったのだった。

バタン、バタンとドアが開閉される音が聞こえる。私たちは「お、肉来たな、肉」と笑いながら顔を見合わせた。

続いて、「メエエエ〜〜」という声が聞こえた。

「え……？」

「聞き違いやと思うねんけど……今、メエエ〜って言うたよな？」

いやまさか。顔を見合わせてから玄関に行くと、ちょうど引き戸を開けて、肉を取りに行った連中が入って来た。そして、1頭のヤギも、紐《ひも》に引かれて入って来た。

「……肉？」

「……肉」

「メエエエ〜〜」

なんでこうなった？

聞いてみると、何か手違いがあり、注文した肉がなかったらしい。Aさんに確認したら「それは申し訳ない」ということになり、「代わりに何かすぐ手配するから！」となって、手配されたのがコレだったわけだ。えーと……まあ、肉なんですけどね。三和土《たたき》の端っこで草もらってモグモグしてるけど。

どこまでが「生き物」でどこからが「食品」？

さて、あらかた料理もできたあたりで、とうとう、肉問題は先延ばしできなくなった。かくしてYさんが指揮を取り、パワフルそうなのが総出で暴れるヤギを押さえ、脚を持ち上げて横倒しにした。一人1本ずつ脚をつかんで押さえ込み、Yさんが角《つの》を握って頭を押さえ、Tさんがナタを振りかぶると、南無三！　と首筋を狙って振り下ろした。だが、やはり力加減がわからない、というか無意識に遠慮したのだろう。この一撃は致命傷にならなかった。首筋から血を流しながら、ヤギは悲鳴を上げた。

Tさんはナタを握ったまま怯《ひる》んだ。それはそうだ。暴れるのを押さえ込まれて血を流して悲鳴を上げる相手に追い討ちをかけるのは、誰だって躊躇《ちゅうちょ》する。それに力いっぱいナタを振るうのは、それなりに危険でもある。手元が狂ったら仲間の指をすっ飛ばしかねない。しかし、屠畜を長引かせるのもまた、無益で無慈悲なことだ。

見かねたYさんが「貸せ！」と叫ぶと、角から手を離してナタを奪い取った。暴れて首を振ろうとするヤギの角を、私はYさんに代わって押さえてから横を向け、首筋をさらすようにする。

Yさんが振り下ろしたナタが、再び首筋を捉えた。音を立ててナタが食い込んだが、やはり、一撃で首を落とす威力はなかった。Yさんは怯まず、二撃、三撃を叩き込んだ。ドカッという音が、次第に濡れた音に変わってゆく。ヤギの声が弱々しくなり、何度目かで頸椎《けいつい》が断ち切られ、首がクイとねじれた。ヤギは絶命した。

何人かがブルーシートに載せたヤギを引きずって土の上まで行き、後ろ脚をつかんで持ち上げ、放血する。あらかた血が抜けたところで解体だが、ここで大活躍したのがナオちゃん。獣医学部の学生で、大型獣の解剖はお手の物であった。出刃包丁一本でスーッと腹を開き、「これが肝臓ね。こっちが腸で、胃はこっちの方」と解説しながら手早く腹腔《ふくこう》から内臓を抜いた。それから「ここここに腱《けん》があるから、これで外れるはずなんだけどなー」と脚の付け根に出刃包丁を入れて探ると、コキッと脚を外して「はい、剝いて」と手渡された。Yさんが「うまいな……」と呟いたほどである。

妙なものだが、首を落としてしまうと急に「生き物」という感覚が薄れ、「肉の塊」に見えて来る。この時の我々の感覚はかなりケダモノ寄りになっていたとは思うが、生きたヤギ、首を刎ねたヤギ、さばいたヤギ、ヤギの脚一本、皮を剝いた骨付き肉、骨から外した塊の肉、料理できる大きさにカット済みの肉、出来上がった肉料理……と変化してゆくどの段階までを「生き物」と感じ、どこから「食品」と感じるか、その線引きの問題である。

脚一本になってしまうと、これはもう、毛皮のついた生ハムみたいなもの。思ったより平気だ。まあ、刃を入れた瞬間の生温かい臭いはどうしようもないが、生物と食品の差とは、こういうものなのだ。

さて、受け取った脚だ。地面に置いて皮を剝ぐと抜けた毛が肉について始末が悪いから、一人が蹄《ひづめ》を持ってぶら下げ、吊るしたまま処理するのがよいとのこと。言われた通り、ナイフを入れて皮を剝ぐ。弧を描くように刃物を動かして筋肉と皮の境目、皮下脂肪のところを切り開き、時には拳を突っ込んでグイと隙間を広げると、まだ体温の残った獲物の皮はきれいに剝げる。読んでてよかった、大藪春彦。

剝いた脚は適当に叩き切ったり削いだりして調理班が片っ端から茹でる。肋骨（というかバラ肉、あるいはリブか）もナタで叩き切って外され、台所に直行だ。本当は直火《じかび》で焼けば最高にうまいのだろうが、バーベキューのできる設備もないし、この際、全て茹でてしまう。まるでチャンサン・マハ、羊を茹でて岩塩だけで味付けした、モンゴルのソウルフードだ。

かくして、ヤギの塩茹ではきれいに我々の腹に収まったのだが、臭みを感じなかったのは大変不思議だ。その後も他のところでヤギを食べる機会はあったが、ヤギ肉はだいたい、ちょっとクセのある臭いのするものである。

あの時はよほどナオちゃんの処理が良かったのか、それとも、我々がケダモノ化しすぎていただけなのだろうか？

第4章　ウミガメと握手

磯臭い月夜

「フコーッ、フコーッ」

先ほどからフイゴのような、あるいはダース・ベイダーの呼吸のような音が続いている。正体は目の前にいるアカウミガメの呼吸音だ。そのたびに、頑丈な甲板に覆われた胸が膨らんではしぼむ。カメの体ってもっとこう、箱みたいな、動かないものだとばかり思っていた。しかし、どう見ても息を吸い込むと体の厚みが増え、息を吐くとしぼんでいる。一体どこが動いているんだろう？　背甲ではあり得ない。背中はもう、背骨と肋骨と骨質の板が癒合《ゆごう》した上、角質の鱗板《りんばん》で覆われてガッチガチだ。では腹甲か？　それとも背と腹の継ぎ目あたりに、どこか動かせるところがあるのか？

そして、体がしぼんで「フコーッ」とやるたびに、海藻のような磯臭い息を吹きかけられる。こいつら、磯のもんばっかり食ってるからなー、仕方ないか。

横では先輩とオレさんがアカウミガメの甲羅をタワシで磨き、アルコールをかけて水分を飛ばしている。向こうでは定着板の準備をしている。

そんな慌ただしい中、私の仕事は、アカウミガメの鰭状《ひれじょう》の前脚と握手していることだ。

アカウミさんはアーモンド形のつり目を潤ませ、「フコッ」という呼吸音と共に、前脚をバタつかせた。握手している私の手も一緒に振り回される。「はいはい、暴れないでね」と声をかけ、振り払われないよう、前脚を握り直す。月夜の海岸で、ウミガメと手を取り合って過ごす1時間だ。滅多にできない経験だが、あまりロマンティックなものではない。

データロガーの威力

1996年、大学院に入って数ヶ月が過ぎた夏、M先輩に「調査を手伝ってくれないか」と言われた。先輩はウミガメの潜水行動を調査している。カメが海にいる間何をしているか、どんな速度、深度で泳いでいるのか（あるいは休憩しているのか）、そういったデータを集めているのだ。

とはいっても、どことも知れない海中に潜むウミガメを人間が直接観察することは、無理ではないにしても、非常に難しい。だから、産卵のために上陸したウミガメにデータロガーという記録装置を背負わせて海に返し、再び産卵のために上陸したらまた捕まえてロガーを回収する。ウミガメは一シーズンに何度も上陸するので、来年まで待たなくてもいい。カメと共に海中にあった1、2週間の状態が記録されたロガーをパソコンに繋いでデータを吸い出し、これを解析するわけだ。

こういった「バイオロギング」と呼ばれる手法は、特に海中のような、今まで観察しようのなかった場所に生息する動物の行動を解き明かすのに大きな威力を発揮している。また、深度、速度、加速度といった、物理的な計算に使えるデータも提供する。

例えば、潜水する時に努力して潜って浮上する時は楽をしているのか、逆に水中に留まっているのが楽で浮上する時に努力しているのか、なんていうことも、深度や速度の変化から読み取れる場合がある。これは動物の最適潜水バウト、つまり「どれくらい休んで、どれくらい潜るのが最も効率的か」といった戦略を研究する上で大変役に立つ。

さらに加速度データロガーを使えば、細かな体の動きも把握できる。加速のかかり方から、体の揺れや速度変化が読み取れるからだ。大学院の後輩だったY君の研究によると、三軸加速度計を使えばアデリーペンギンが歩いていたか、泳いでいたか、トボガニング(雪の上で腹這《はらば》いになって滑ること)していたのかわかるという。

Y君は最初、観測チームがペンギンに取り付けて回収したロガーのデータ解析をしていた。そしたら、不思議な加速度パターンが出て来た。ほんの一瞬、いろんな方向に瞬間的に大きな加速度を検出していたのだ。一体なんだろうと首をひねっていたのだが、幸運なことに、ちょうどその時間帯に撮影していたビデオがあった。両者を突き合わせてみたら、その不思議な加速度スパイクの瞬間、ペンギンは足を滑らせてコケていた。遠く離れた南極でペンギンがコケた瞬間まで、読み取れてしまう。これがデータロガーの威力である。

カメの上陸を見逃すな

さて、こういった調査のキモは、いかにしてロガーを取り付け、そして回収するかにある。回収しないとデータが吸い出せないから、同じ個体を2度捕まえる必要があるのだ。現在は無線ダウンロード可能で、離れた場所からデータだけ吸い出せる便利なロガーもあるが、この時代にはそんなものはなかった。

ペンギンならば、繁殖地で親鳥を捕まえてロガーを取り付ければいい。親鳥は何日もかけて餌を取りに行き（氷が張っていて開水面が遠い場合、水に入れるまでに数日歩くこともある）、たっぷりと餌を飲み込んでから帰って来る。この時に再捕獲してロガーを回収するわけだ。もっとも、前述のY君によると、ヨチヨチして見えるアデリーペンギンも逃げるとなれば非常にすばしっこく、捕まえるのは決して楽ではないらしい。彼自身が念願の南極に行った時は、ピョンピョンと飛び降りるペンギンを追って崖を滑り降りたこともあったとか。

ウミガメの場合は産卵のための上陸が狙い目になる。夜の海岸で待ち構えていれば、前回の上陸の時に取り付けたロガーを背負ったウミガメが、浜に上がって来てくれるわけだ。だが、もしここで回収できなければ、高価なデータロガーと貴重なデータはカメと共にサヨウナラだ。これを見逃さないために、夜通し交代で海岸をパトロールする。当然、パトロール要員は多い方が楽である。だから、先輩は他のウミガメ研究者とチームを組み、さらに私にも声がかかったのであった。

ウミガメの音に耳をすませば

調査場所は、和歌山県の南部《みなべ》だった。谷山浩子の『テングサの歌』にも出て来る。隣の岩代は各駅停車しか止まらないが、南部は紀勢本線の特急も止まる。もっとも、岩代駅を通過する時に目を凝らしたが、歌と違ってホームのベンチにテングサは座っていなかった。

調査はまず、浜辺の地形を覚えることから始まった。先輩に連れられて、長い浜辺をテクテクと歩く。浜辺は20ほどの部分に区切られている。といっても便宜上のもので、「この小川が境界線」「あのトンネルの出口から先は隣の区画」といったものである。ノートに略図を書いて必死に覚える。これがわからないと後々、調査に差し障るからだ。

パトロール要員はウミガメを発見したら、「どの区画のどのあたりに、ウミガメが上陸していますす」と無線で連絡を入れる。すると、調査用の大荷物を持ったチームが駆け付けて来るわけだ。夜の浜辺で行き違いがあったり、他のカメのところに行ってしまったりすると話がややこしくなる。

ウミガメの上陸は夜間なので、調査も日暮れ後から夜明けまで。完全に昼夜逆転生活である。午後遅い時間に起きて、食事をして、調査に向かう。深夜に「昼飯」に相当する何かを食べる。日が昇ったら調査は終わりだ。早朝に軽く食べて、梅酒を飲んで寝る。南部あたりは梅の名産地でもある。

もっとも、農学部水産系の人たちが何人か交じっていたため、トコブシ飯などという贅《ぜい》沢《たく》もできた。密漁じゃないから安心しろと言われたのだが、一体どこで取ったのかは不明である。ちなみにトコブシ飯は大変いい味が出るが、新鮮なトコブシを飯と共に炊くと、とんでもなく硬い。

パトロールが自分の番になると、時計を見てペースを確認しながら、ゆっくりと砂浜を歩く（速すぎると次の巡回までに時間が空いてしまう）。月明かりがあれば全く問題ない。都会にいるとあまり感じないかもしれないが、月の明るさは想像以上だ。それこそ、満月の下なら影踏みで遊べるほどである。だが、曇っていたり、新月だったりすると真っ暗になる。そんな夜でも、よほど何かを確認する時でなければ、ライトをつけてはいけない。ウミガメは光にとても敏感だからだ。

上陸したカメを探すのは、そんなに簡単ではない。アカウミガメは甲羅の長さが1メートルほどになる巨大な生き物で、単に長いだけでなく幅も厚みもたっぷりあるのだが、暗闇の中ではさすがに、遠くまでは見通せない。しかも上陸して浜を這ったウミガメは砂まみれである。カモフラージュを施したように、砂浜と明度や質感が似通ってしまう。

手がかりの一つは音だ。もし産卵を開始していれば、砂を掘る「ザッ、ザッ」という音が聞こえる。光る海をバックに浜辺のシルエットが見える時なら、ウミガメ特有の、盾を伏せたような姿が見えることもある。

波打ち際に黒い岩のようなものが顔を出していて、それが波を分けながらゆっくりと近づいて来るのが見えることもあった。水を押し分けて航跡を残すと、チラチラと光って目立つものである。ただ、この調査地には波打ち際の少し先に岩が出ているところがあり、潮の加減によってはカメに見えてしまうので、何度か騙《だま》された。先輩によると皆しょっちゅう間違うので「カメ岩」と呼んでいるとのことだった。

ウミガメの涙

そうやって注意しながら歩いて行くと、砂浜におかしな跡が見つかった。巨大なタイヤかキャタピラが移動したような、ハの字を並べたような形の跡だ。ハの字の真ん中には平たく均《なら》したような跡がある。その真ん中に、細い棒を引きずったような線が残っている。何か巨大なものが砂の上を移動したのだ。

闇に馴れた目でこの跡を辿ると、ちょっとした砂山のようなものが、暗い砂浜の上に見える。そして、それがグイ、グイ、と数秒おきに前進している。

これが、浜に上がって来たウミガメだ。ハの字は脚で砂を蹴った跡である。腹が通過すると砂は平らに均されるが、その後で後ろ脚が再び砂を蹴るので、平らな部分はあまり残らない。中央の細い線は、尻尾《しっぽ》を引きずった跡だ。池や川にいる小さなカメも、泥の上にこういう跡を残すことがある。

距離を置いてしばらく見ていると、ウミガメは前脚で砂をはね散らかして穴を掘り始めた。ボディピットといって、砂の中に埋まり込むようにしているのだ。しばらくすると、後ろ脚で産卵するための深い穴を掘り下げ始めた。先輩は前肢穴掘り、後肢穴掘りと呼んでいたと思う。

発見時に無線で第一報は入れてあるが、後肢穴掘りが始まったら、再び連絡だ。ウミガメは産卵を邪魔されるとそのまま海に戻ってしまうが、後肢穴掘りまでいけば、そう簡単には逃げない（もちろん個体群によって違うかもしれないが、少なくとも、当時のこの調査地ではそう言われた）。後肢穴掘りまで進んだのを見届けてから、調査チームが駆け付けてスタンバイするのである。

大荷物を持って、文字通り駆け付けて来た面々は、それぞれが研究テーマを持った大学院生である。潜水行動を調査している先輩に加え、産卵行動を研究する人や、ウミガメにつくフジツボを研究している人もいる。普段は海中にいて見ることも触ることもできないウミガメが目の前にデンと居座っている今が、調査のチャンスだからだ。

まずは産卵が終わるまで待つ。これは決して妨害してはならない。ウミガメは絶滅が危惧される生物でもあるのだ。流し網などに絡まってしまうのも大きなリスクだが、重大な問題は産卵場所の消失だ。南部のような、ウミガメが自由に産卵に上がって来られる広い砂浜は、今や貴重になってしまった。満潮や嵐から卵を守れる場所まで上陸するには、消波ブロックや防潮堤が大敵となる。また、砂防工事によって河川から流入する砂が減り、砂浜自体も小さくなってしまった。河川管理は洪水を防ぐためにやっているわけだが、ウミガメにとってはダメージとなる。

少し離れて見守っていると、ウミガメは苦しげにフーッ、フーッと息をしながら、卵を産み落としている。ウミガメの涙というが、これは目もとにある塩腺から排出されている塩分である。しかし、潤んだ目で苦しげに産卵しているウミガメを見ると、産みの苦しみに耐えているように見えるのも確かだ。もっとも、ウミガメは数十個の卵をポロポロと産み落とすので、人間が考えるほど難産ではないのかもしれない。

産卵が終わると、後肢で穴を埋め戻す。次に前肢も使って体を伏せていた穴を埋め戻す。時々空振りしてバサッと砂が飛んで来るので、真後ろに突っ立っていると砂をかけられる。それから、その場で旋回して穴を掘った痕跡も消してしまう。だが、どうしても消せないのは、移動した後に残る足跡だ。キャタピラのような足跡を辿れば、どこで産卵したかバレバレだが、これは気にしないらしい。それから、ウミガメは海に戻るため、浜を這い始める。傾斜を下るので、案外素早い。

この瞬間に、調査チームが動き出す。

カメにしかつかない不思議なフジツボ

まずカメの動きを止めるため、二人がかりでカメの行く手に網を広げる。横に避けられそうになったら、一人がヘッドライトで照らしてカメを誘導する。ウミガメは光に向かって進む習性があるのだ。行ってほしい方向から、カメの顔の前をライトで照らすと、面白いように向きを変える。

カメが網に乗ったら、数人が取り付いて「そーれ！」とカメを裏返しにする。かわいそうだが、これならジタバタしても怪我はしないし、逃げることもできない。それから、カメを網で包み、S字のフックを引っ掛けて網を閉じてしまう。ここで太い木の棒と、大きなバネばかりを持って来る。二人がかりで籠屋のように棒を担ぎ、この棒にバネ秤を取り付け、網でくるんだウミガメをぶら下げて体重を計るのだ。

「よっ、せい！」

カメを担ぎ上げると、すかさずもう一人が揺れる目盛りを読む。

ある。

「63……63・5キロ！」

成長したアカウミガメなら60キロ程度は普通だ。100キロ級のものも、上がることがある。

「はい、63・5キロ」

先輩は記録用紙に体重や捕獲状況などのデータを書き込んで行く。続いてメジャーを当て、甲羅の長さを計る。

その横ではせっせと砂浜に穴が掘られ、なぜか清酒ケース（一升瓶を半ダース入れられる、ビールケースみたいなもの）が置いてある。これが重要なアイテムなのだ。掘った穴に清酒ケースを入れて、湿った砂で根元を固めると、少々のことでは倒れない台が出来上がる。ここにカメを乗せるのである。下の方を埋めても高さ40センチほどある清酒ケースに乗せられてしまうと、カメの脚は砂に届かず、いくらジタバタしても動けない。このために、一升瓶を収めるためのケースの高さがモノを言うのだ。

さらに作業は進む。甲羅を確認し、標識タグがついていれば記録する。タグ付きは前にもこの浜に来た個体だ。なければ、標識を取り付ける。頑丈な甲羅を持ったカメ相手だから、標識の取り付けもシンプルで確実な方法だ。甲羅の端っこにドリルで穴をあけ、リベットを打って標識タグを固定してしまうのである。角質が張り出した部分なので、「身」は入っていない。痛くはないはずだ。

その間に、カメの背中の掃除が始まる。この頃になるとギャラリーも集まっていて（この浜はウミガメ見物に来る人もたくさんいる）、「きれいにしてあげてるんやねえ」などという声が聞こえてきたりするが、そういう親切では全くない。甲羅に藻がついていると、ロガーを接着できないからである。

スクレイパーやタワシで甲羅をゴシゴシとこすり、水をぶっかけて流し、アルコールをかける。水が残っていると接着力が落ちるので、アルコールと一緒に水を蒸発させてしまおうという作戦だ。

清掃が済んだ甲羅にデータロガーを貼り付け、さらにガラスクロスを被《かぶ》せてから、速乾性のエポキシ接着剤でクロスごと固める。つまりはFRP（繊維強化プラスチック）。これは相当に強力だ。後ろでは「付着板」と呼んでいる、ハガキほどの大きさの耐衝撃プラスチック板が貼り付けられている。次回、あるいは来年、あるいは再来年にこの個体が戻って来た時、新品だった付着板にどれほどのフジツボがくっついているか、それを調べるのが目的だ。

ウミガメにはカメフジツボというフジツボがつくのだが、不思議なことにこの種類はウミガメからしか見つからないらしい。フジツボというのは岩に固着して動かないので貝のように見えるが、分類上は節足動物、エビやカニに近い仲間である。幼生の間は海を漂うプランクトンとして過ごし、やがて固い基盤に固着した生活を始める。普通、引っ付く相手は岩などだ。カメフジツボの幼生も海中を漂いながら何かに出会うわけだが、海中で出会う相手は流木だったりクジラだったり岩だったりもするはずだ。なのにカメフジツボがカメにしかついていないということは、相手がカメではない場合は付着しないのではないか、という仮説であった。もしプラスチック板に付着していなければ、相手がカメかどうかを「触って確かめている」ということかもしれない。一方で付着していれば、少なくとも材質を見ているわけではない、とわかる。

また別の人は産卵場所を確認し、目印を立てている。産卵や孵化《ふか》の研究をしているので、明日の朝になったらここを掘り返し、卵の数をチェックするのだ。ちなみに、ウミガメの卵は発生の初期に極性――どちらが上か――が決まってしまい、これを変化させると発生が止まってしまうので、発生中の卵を勝手にひっくり返すのは厳禁である。掘り出して卵を数える時も、絶対に上下を間違わないようにしなくてはならない。なんで上下かと言えば、卵発生の初期には重力の方向が重要な場面があるからだ。重力のせいで卵の中には物質の濃度勾配ができるので（下の方は濃くて上の方が薄い、ちゃんと混ぜていないココアみたいなものだと思えばいい）、物質の濃度に従って「こっちが頭」などと方向性を決めることができる。発生が始まってから方向性を変えると正常に発生できない場合がある。

カメの脚は意外に柔らかい

こうして先輩たちが忙しく作業を進めているので、私も何か手伝おうとした。よし、力仕事ならなんとかできるし、甲羅の掃除だって手伝えるだろう。

カメの甲羅は本当にゴツゴツだ。よく見ると、マツの表皮のように、固い角質の板が積み重なっている。

表面にはフジツボだけでなく、海藻が生えていてヌルヌルする。これも強烈な磯臭さの理由の一つだ。ロガーの取り付け位置付近をスクレーパーでゴシゴシと磨き、耐水ペーパーをかける。申し訳ないが、表面を荒らした方が、エポキシ接着剤の食いつきが良いからだ。

「松原君、カメの前脚握ってて」

「え？」

「抵抗がない状態で全力で振り回してると脱臼《だっきゅう》しちゃうんだよ。適当にテンションかけとくだけでいいから」

はあ、そういうことでしたら。私は片手でスクレーパーを操りながら、左手でカメの前脚を握った。鰭《ひれ》状の脚は意外に柔らかい。甲羅ほどガチガチではないし、魚のようにびっしりと重なった鱗で覆われているのでもない。柔らかい皮膚の上に、タイルのように鱗を貼り付けた感じと言えばいいか。最初は大人しくしていたカメだが、突然、思い出したように「フコッ」と息を吐いて暴れ始める。どうかすると清酒ケースの上でズレて来て落ちそうになるので、そういう時はみんなで乗せ直す。あまり暴れる時は両手で前脚を握る。こうなると、カメの清掃も手伝うわけにはいかない。人手が必要な時は手を貸すが、まずはカメの安全を確保ということか。えー、和歌山まで来てこれだけー？

まあ、仕方ない。かくして、カメの側面で片手を握ったり、時には顔の前に回って両手を握ったり、私の仕事はカメのエスコート役と決まったのである。

そして、その間じゅう、磯臭い息を吹きかけられていたのだった。

ウミガメはうかつに撮影しないで

こうして作業が終わると、カメを再び持ち上げて、海に顔を向けて砂浜に下ろす。ウミガメは傾斜方向ではなく、海面のきらめきを見て方向を定めるのだ。人工の灯《あか》りがない状況なら、陸地は真っ暗である。一方、海面は夜空の反射でうっすらと明るい。砕ける白波も、「こっちが海だよ」とウミガメを誘う目印になるだろう。ライトの灯りに誘引されるのは、これが理由である。迷っているようなら、海側からライトを点灯してカメの前を照らす。そうすると、カメはライトに向かって歩き出す。

観察中にうかつに灯りをつけてはいけないのも、浜辺近くに道路や商店など人工の光源があると良くないのも、同じ理由である。ウミガメは灯りに誘引されて、方向を見失う。海ではなく陸に向かって歩いてしまうと、防潮堤にはばまれたり、ゴミに引っかかって動けなくなったり、どこかに落ち込んだり、挟まって動けなくなったりして、そのまま死んでしまうことさえあるからだ。子ガメならあっという間に捕食される。彼らは一目散に海に逃げ込まないと、カモメどころかカニにさえ食べられてしまう。

フラッシュはもちろん、オートフォーカス用の補助光源にも反応するから、ウミガメを撮影する時は十分に注意してほしい。スマホだと自動でＬＥＤ光源が発光したりするが、この機能もオフにしないといけない。不安ならいっそ撮影しない方がいい。

様々な調査を託されたカメは、「やれひどい目にあった」と言わんばかりに砂を掻いて、海へと戻って行く。波に洗われると全身にくっついていた砂が落ち、ウミガメ本来の艶やかな甲羅を取り戻した。

海中に没した瞬間、ウミガメは再び重力から解き放たれ、滑るように泳ぎ去って行った。

第5章

新宿クロウズ

はじめての新宿

1997年、11月。22時過ぎ、私は近鉄奈良駅前から新宿行き夜行バスに乗り込んだ。荷物は？　と目顔で聞かれるのを、首を振って断る。デイパックには双眼鏡とカメラと東京の地図、あとは着替え程度だ。トランクに入れなくても、座席に持ち込めば済む。

バスは深夜の天理街道を走り、天理インターから高速に乗る。あとはカーテンを引いて、車内灯も消され、寝ながら東へと向かうだけだ。

時折、バスが大きく揺れながら減速する気配に目を覚ます。ギア鳴りと排気ブレーキの音がして、バスが停車。カーテンに隙間を作って覗くと、青白い水銀灯に照らされたパーキングエリアの駐車場が見える。だが、これは時間調整とドライバーの休憩用だ。乗客は降りないように言われている。

ここはどこだろう。手がかりになるものを探していると、目の前に別のバスが滑り込んで来て、視野を塞がれる。私はまた、眠りに落ちる。

こんなことを繰り返して、何度目かに目覚めた。バスはビルに囲まれた高速道路をひた走っていた。どこだろう、と思っていると、一般道に下りた。おや、ではもう東京が近いのか？

ここが東京だとわかる景色は見えない。いや、東京タワーでも見えない限り、どうせわかんないけど。薄青い霞《かすみ》をまとったような、夜明け前の灰色の街並が続くばかりだ。やがてバスは高層ビルの間に入り込み、ゴタゴタした妙に狭いバスターミナルに停車した。

それが終点だった。

CITY HUNTERよりも今はカラスだ

夜行バスを降りると、夜明けの新宿西口だ。これが高速バスで来た理由の一つだ。新幹線より安く、奈良から直通で、おまけに降りたらそこがカラスだらけの繁華街、しかも到着時刻はまさに、カラスが採餌を始める頃である。

目の前にでっかい電器店がある。京王ビルがあっちとか、都庁がこっちとか書いてある。うん……駅はどっち？　賑やかな方が駅とか、そーゆーのじゃないの？　なんでどっち向いても賑やかなの？

よくわからないまま、コンパスを頼りにふらふら歩いたら、駅前ロータリー的なものが見えたような気がした。あれか？　近づいてみると歩道橋というかデッキっぽいものがあり、その向こうに巨大な構造物が見える。駅、なのか？　なんかデパートとかファッションビルとか私鉄の看板しか見えないが、これJR新宿駅じゃないの？　地図によるとJRの駅も一緒になっているはずだが、なぜJRと書いていない？　ここからは入れないのか？　ていうか俺は向こう側へ行きたいんだ。

とりあえず歩道橋に上がってみる。空はもう明るいが、ビルの谷間はまだ暗い。だが、カラスは集まって来ている。電線や街灯に止まって、地面を見下ろしている。写真を撮りたいが、望遠レンズを通すと暗すぎる。F4・5のレンズにテレコンバーターをつけているので、もう2絞りほど暗いはず。シャッタースピードは1／8秒……撮っておいたが、ブレているだろう。

酔っぱらってぶっ倒れている（のだと思うが、東京は怖いらしいから、ひょっとしたら死んでいるのかもしれない）兄ちゃんを避けて階段を下り、駅側の歩道に立つ。さて、これからどうすればいいのだ。駅の周りを回って行けばいいのか。

うろうろしていたら、東口への近道はこっち、と書いてあるのを見つけた。よしよし。そちらへ向かうと、怪しげな路地に入り込む。なんだこれ。スーツ店、ペットショップ、左手の怪しい路地には小さな飲み屋さんが並ぶ。前方にはさらに怪しげなトンネルが。大丈夫か。魔界都市に続いていたりしないだろうな。朝帰りなのか、仕事明けなのか、トンネルの中で何人かの人とすれ違う。テレビドラマならいきなり絡まれて殴られるのにぴったりな場所だ。カラスを怒らせた時と同じく、スキを作らず、周囲に目を配り、背後に神経を尖らせる。

ぴりぴりした背中のまま、別に何事もなく、トンネルを抜けたところがスタジオアルタの目の前であった。おお、やっと見覚えのあるところに。

アルタだけなんとなく知っているのは、もちろん、「CITY HUNTER」にしばしば登場したからである。新宿駅東口には本当に伝言板があると思っていた。思わずロケ地めぐり（？）をしそうになるのを堪《こら》え、カラスを見物だ。

「歌舞伎町一番街」の看板の下を通り、刺激的な（主にアダルトな意味で）看板だらけの街を双眼鏡を下げてきょろきょろ。カラスはあちこちにいる。小綺麗な石畳の歩道（よく見ればゴミと吸い殻とゲロがいっぱいだが）にゴミ袋が山積みにされ、そこにカラスが舞い降りている。うっかり双眼鏡で人間をジロジロ見てしまって怖い人が来ないよう注意しつつ、カラスの様子を観察。今日は偵察だけでポイントを絞った調査ではないのだが、京都と比べて全然違うのは、ハシブトガラスしかいないこと、とにかく数が多いこと、人に慣れていることだ。とはいえ、観察している素振りを見せるとすぐに逃げてしまうのだが。

カラスと飲み屋は相性がいい。カラスが好む餌は高タンパク・高カロリーなもの、はっきり言えば脂ギトギト系か、糖分ガッツリ系だ。唐揚げ、フライドポテト、マヨネーズなんかは最高のごちそうである。おにぎりも好きだし、パスタもよく食べる。ついでに、そういったものの半消化物……つまり飲みすぎて道端でリバースしちゃったものも餌だ。この巨大な眠らない街が排出し続ける、膨大な食べ残しがカラスを支えている。

通りをうろうろしているうちに、ちょっと中心から外れた感じの場所に出た（今思えば区役所通りあたりか）。カラスも少ないので移動しようとしたら、店の前にいた男性がスッと寄って来た。うわ、何？　と思った途端、「お兄さんお兄さん、飲み、ないっすか？」と声をかけられた。なんと、客引きである。飲みって、この時間から？　俺、双眼鏡ぶら下げてノート握りしめて、重たいデイパック担いでますよ？　飲みに行って金使うように見えるの？

「いや、ねえっすよ」と振り切ろうとしたのだが、男性は名刺を差し出し、「本当はダメなんだが自分は警察に顔が利くから大丈夫だ。そこの店でこの名刺を出せば割引になるから」と押し付けられた。面白いのでその名刺は取っておいたと思うのだが、さすがにもうなくしてしまったようだ。

カラス朝ごはんタイム終了

靖国通り近くで、前方からグオーンという音が聞こえて来た。ゴミ回収車にゴミを詰め込んでいる。しまった、早く見ないとカラスのお食事時間が終わってしまう。

通りに出ると、目の前を回収車が走り去るところだった。周辺の電線や看板に5、6羽のハシブトガラスが止まり、「カア」「カア」と声を上げている。次の瞬間、1羽、2羽、3羽……と次々にカラスが飛び立ち、まだ残ったゴミを求めて歌舞伎町に飛び込んで行く。私もその後を追って走る。仕事上がりの派手めなお姉さんやお兄さんたち、一晩じゅう過ごしたらしい酔客、ちょっとヤバそうな人たち、様々な人が歌舞伎町から新宿駅に向かって歩いて来る。それに逆行して、カラス屋が歌舞伎町の奥へと向かう。ああ……ダメだ、このへんもゴミがなくなっている。カラスたちはビルの窓に影を映しながら通りを飛び抜け、ビルの上に止まって嘴を磨いている。もうお食事タイムは終了、休憩時間になってきたのだ。

さらに30分ほどあたりをうろついたが、さて、カラスも大方引き上げたようだし、自分の飯を考えねば。この時間だから閉まっているが、この面白そうな店は沖縄料理なのか。次は開いている時間に来てゴーヤーチャンプルー定食食ってみようか……え、950円?! そんなに高いの？ じゃあソーキそばにしたいが、これも800円もするのか。安い沖縄そばは650円だけど、あまりにシンプルだ。ならばせっかく東京に来た記念に、東京タワーから飛び降りる覚悟で950円出して定食にするか。まあ、貧乏学生の金銭感覚はこんなものである。

ちなみにこの店は今もある。のみならず隣にも店を広げたようだ。店の名誉のために言っておくが、定食は確実に、値段以上の価値がある。

代々木公園はハシブトガラスの聖地

新宿駅から山手線に乗って、原宿へ。もちろん原宿に用があるわけではない（今は東京に住んでいるが、「東京の右半分」の住民としては、やはり原宿には縁がない）。お目当ては竹下通りの反対側、代々木公園である。

代々木公園でカラスの「ラインセンサス」をやる。ラインセンサスというのは、決まったルートを歩きながら、両側25メートル以内（あるいは50メートル以内）に出現する鳥を記録する調査法だ。出現するのは当然、ハシブトガラスばかりだ。山手線の内側には、まずハシボソガラスはいない。ここはハシブトガラスの聖地なのだ。

ハシブトガラスはハシボソガラスよりも樹上が好きだ。そして、木の上から餌を発見すると下りて来る。ハシボソガラスは地面を歩きながら草むらを覗き込んだり、落ち葉をかきわけたりして餌を探すのが得意だ。だが、都会のような、ゴミ漁《あさ》りが採餌の中心となる場所では、ハシボソガラスの細やかな採餌行動は、特にメリットがない。一方、ハシブトガラスはハシボソガラスよりも少し大きく、攻撃的なので、ゴミを見つければ独占できる。結果として、カラスが都市部でゴミに依存すればするほど、ハシブト有利になる。これが、東京都心にハシブトガラスが多い理由だ。

公園を歩きながら、ハシブトガラスを探す。地上／高所の比率を見ると、高所が圧倒的に多いものの、京都よりは若干、地上が多いかもしれない。地上に滞在する機会が多いのか。そのまま、カラスの地上滞在時間、歩数などをノートに書き付けて行く。

代々木公園はランナーでいっぱいだ。外国人の若いパパが、赤ん坊を乗せたバギーを押しながらジョギングしてゆく。その横のトイレで、ホームレスのおっちゃんが歯を磨いている。芝生に片膝《かたひざ》をついてカラスを観察していると、時折、地面が震動するのに気付く。

地下鉄が通るたびに土が震えているのだ。この公園では、いろいろなものが接しながらすれ違って行く。

トルコのNo.1ファストフード

代々木公園でカラスを見た後は、渋谷まで歩く。PARCOパート2から駅に向かって下りて行く途中に、ドネル・タイムという小さな店があった。間口一間ほど、たこ焼き屋か、たい焼き屋くらいの店構えだ。何やら香ばしくスパイシーな、そこだけ日本じゃない感じの匂いがすると思ったら、不気味なモノがヒーターに炙《あぶ》られながらゆっくり回っていた。なんじゃこりゃ？　ああ、薄切りの肉を重ねたもの。周りを削ぎ落としているから平面ができているわけね。ケバブというのか。ケバブ……トルコの方の串焼き料理をカバブと言ったはずだが、同じ意味なのだろうか。看板を見ると「トルコのNo.1ファストフード、日本に初上陸！」と書いてある。おお、それはすごい。すごいが、わりと控えめな初上陸やな。

と思っていたら、カウンターの向こうにいたトルコ人らしき兄ちゃんが達者な日本語で「いらしゃいませーどぞー」とにっこり笑って勧めて来た。よし、国際交流とドネル・タイムの未来のため、協力しようではないか。当店自慢というオリジナルソースのケバブと、このザクロジュースもつけよう。ザクロは中近東でもよく食べるというし。

そう思って「ザクロ下さい」と言ったら、濃い眉毛でニコーッと笑いながら、「ザクロフローズンで、よろしかったですね？」と確認された。いやジュースで、と思った時には兄ちゃんは既にザクロフローズンを入れ始めていた。あ、はい。いいっす。50円高いけど。この開けっぴろげな愛想の良さと抜け目のなさが同居しているのが中東の楽しみだと思うことにしよう。

出て来たモノは要するにケバブ。ピタパンの中に削った牛肉と野菜を詰め込み、ちょっとスパイシーなオレンジ色のソースをかけたアレであった。今でこそどこにでもあるが、当時はまだ珍しかったと思う。店の脇のベンチに座って一口食べてみて、ちょっと感動した。ありきたりなハンバーガーを食べるくらいなら、こっちの方がよっぽどうまい。これはきっと流行る。

と、太鼓判を押したのが20年前。今や、あっちもこっちもケバブだらけだ。どうやら予測は当たったようである。

ただし、残念ながらドネル・タイムは消えてしまったらしい。最近のお気に入りは、上野アメ横の「モーゼスさんのケバブ」である。

カラス屋、警察に間違われる

この夜は池袋のカプセルホテルに泊まることにした。前に学会で来た時に使ったことがあり、覚えていたのだ。特に安いわけではないが、シャワールームがあるのがありがたい。私はサウナがあまり好きでないし、慣れない大都市で、見知らぬ人間が密集している密室にもあまり行きたくない。

池袋の東口に来たのはいいが、ホテルの場所がわからなくなった。ええっと、どこだっけ?

歩いているうちにサンシャインやハンズが見えて来た。違う、行きすぎている上に多分方向も間違っている。戻らなければ。

ネオンのギラギラした大通りに疲れたせいもあり、私は横丁に入った。途端に周辺がスッと暗くなる。あ、これ、ちょっとヤバい暗さ。しかもどの看板も危険な香り。普通の居酒屋ではないし、水商売系の看板が並んでいるわけでもない。薄暗い、横文字の小さな看板がポツ、ポツと灯《とも》っている。フリの客や観光客が入り込むところではない。ということは、人目もない。

急に逃げ出すのもあまり得策ではない。スローダウンしてどこか戻るきっかけを、と思った途端、目の前の闇が動いた。

「YO、何、探してるか？　いいものあるよ」

道端からスッと出て来て前に立ちふさがったのは、ガタイのいい黒人だった。暗闇に白目と真っ白な歯が浮かんで見える。ブラザー、俺何もいらないから。その「いいもの」って絶対ヤバそうだから。

私は日本人の正しい作法として、曖昧《あいまい》な笑みを浮かべながら手を振って彼を避け、その先の少し明るい通りに飛び込んで、危険なブロックを抜け出した。

ふぅ。よし。探している場所はあの大きな通りの、どっち側だったろうか？　向こうか？　学生時代に知らない街をぶらぶらすることもあったせいか、コンビニと宿の場所を嗅ぎ付けるのは得意だ。探している場所ではないにしても、この方角は宿があると見た。

またしても人気のなくなってきた通りを進んで、再び間違いに気付いた。確かに宿はある。あるが、ここはいわゆる、ラブホ街だ。カプセルじゃない。

弱ったな。しかも、さっきそのへんを通りながら「あれ、違うな」と思ったところに戻ってしまっているじゃないか。そう思って、足を踏み出して左右を見渡した。んー、これは、脈がありそうなのは右か?

そのとたん、背筋がピリッと痙攣《けいれん》した。右側に延びる薄暗い道路の、電柱の陰や、交差する路地の入り口あたりに、いくつも人影がある。しかも、計ったようにスッと前に出ようとしている。まずい。最近は下火だが、チーマーとかカラーギャングとか、そういう連中だっているのだ。数を頼まれたら勝ち目はない。ダッシュで逃げるか。

いや、違う。あれは男じゃない。一番手前は金髪の女性。その向こうもカーリーヘアの女性。その向こうも……その向かいも……全部女性。露出多め。あ、だいたいわかった。

一番手前にいたラテンアメリカ系らしいおねえさんが、こっちに歩き出そうとした。途端、その後ろにいた年かさの一人が肩をつかんで止め、耳元に口を寄せた。

次の瞬間、その二人が路地に後ずさり、暗がりに消えた。それを見た他の女の子たちも、手品のように一斉にその通りから姿を消した。

この時の私は黒っぽいブルゾンを着て、珍しく髪は短くしたばかりで、足早にそのあたりの通りを歩き回っては、交差点で左右に目を配っていた。つまり、まるで目を光らせながら巡回しているように見えたはずだ。おそらく、年かさの一人は古株の物知りで、若い一人に「警察《ポリシーア》」と囁《ささや》いたのだろう。それを見た全員が摘発を警戒して姿を消した、そういうことだったと思われた。

おいおい、今度は新宿鮫《しんじゅくざめ》かよ。俺、職務質問されることはあっても、する方じゃないよ？

野宿の帝王と貞操の危機

1998年の夏の終わり。私はまた同じように東京に来て、カラスを調査していた。その夜は屋久島で知り合った友人のところに泊めてもらうつもりだった。彼が「東京に来る時あったらいつでも言って下さいよ、泊まってても全然オッケースよ！」と言ってくれたからである。

さて、なかなか捕まらない彼にやっと電話が繋がり、泊めてほしいと切り出すと、彼はちょっと考え込んだ。

「いいんスけど……うち、暑いんスよ」

「いいよ、うちも暑いから」

「クーラーとかないんスよ」

「うちもないからいいよ。窓開けて寝てるよ」

「窓開けたら、目の前が隣のビルで、しかも室外機が真っ正面に」

「……それは辛《つら》いな」

「絶対、外の方が涼しいっス」

「はい？」

「野宿しましょう」

しまった、こいつは自称「野宿の帝王」だった。屋久島では「ハゲチャ」と呼んでいたので忘れていた。

とにかく、ハゲチャとの待ち合わせ場所にいると、彼はザックを担いでやって来た。ザックからはロールマットが2本、突き出している。私のぶんも担いで来てくれたのだ。

「この先に行きつけのいい公園があるんですよ！　行きましょう！」

彼は会うなり、そう言った。行きつけの公園、というのも意味がわからない。お前どんだけ野宿してんの。

駅からかなり歩いた。ある公園にさしかかったので「ここ？」と聞くと、「いえ、まだ先っス」と言われた。言いながらチラッとパトカーを横目で見送っている。

「このへんの警察には目ぇつけられてるんですよね。これから行くとこは隣の区なんで、大丈夫っスよ」

どうやら野宿のしすぎで警察にも顔が売れているらしい。ますます意味がわからない。こいつについて行って大丈夫なのか。

連れて行かれた公園は、静かなところだった。遊歩道から少し外れて丘に登ると、芝生の上にキョウチクトウが咲き、頭上は大きなシイの木に覆われて、雨が降ってもしのげそうだ。なるほど、いい場所だ。ここでマットを広げ、二人で横になった。

都会の公園は意外に人通りがある。深夜だというのに、犬を散歩させている人が何人もいる。夕涼みなのか、ぶらぶらと散歩している人たちもいる。私は寝付きの悪い方ではないが、こういうところはちょっと苦手だ。かすかな人の気配でもつい目を開けて、横になったままそちらを確認してしまう。

0時をとうに過ぎたのに、散歩している人々が数人。さっきから顔ぶれが変わっていないように思える。なんでこんな、同じルートをうろうろしているんだろう？　それに何か、単なる散歩という感じではない。何もしていないのに、何か目的があるような気配を感じる。

その時、遊歩道とは反対側で、足音が聞こえた。近づいて来る。まずい。なんの用だ。寝たフリをしたまま、薄目を開けて様子を窺《うかが》う。一人の男だ。白っぽい服を着ている。ということは、少なくとも警察ではない。だが、ためらいながらも、こちらに近づいて来る。白いスニーカーが視野に入った。寝ている私のすぐ横で立ち止まっている。「なんだこいつ」と思っただけなら、こんな怪しげな二人組の横でいつまでも立っているわけがない。何かあるに違いない。

物盗《ものと》りか。だとしたら可能性は二つ。寝ているスキにそっと盗むか、寝ているスキにボコボコにして奪うかだ。そうでなければ、単にボコボコにしたい、という可能性もある。オヤジ狩りにあうほどオッサンではないつもりだが、何を考えているかわからない奴は常にいる。もし、足を引いて蹴りつけて来る気配が見えたら飛び起きて対応しなければ。

そう思っていたら、彼はそっとしゃがみ込み、こちらに手を伸ばして来た。やはり盗みか。自分の手はウェストバッグのあたりに置いてあるから、この手をどかさない限り、財布を盗むことはできない。荷物はデカいザックだ。ヒョロい兄ちゃんがこれを持って走っても、すぐ追い付ける。

しゃがみ込んだまま息を整えていたらしい兄ちゃんは、さらに手を伸ばして、私に触れた。それから、そっと指先を滑らせ、執拗《しつよう》に触り始めた。

はい、だいたいわかりました。

まあ別にいいのだが、私の体は彼の愛玩物《あいがんぶつ》ではない。さすがに途中で相手の手首をつかみ、「なあ、いい加減にしてくれないかな」と声をかけた。

要するに、ここはいわゆるハッテン場、同性愛者の出会いの場だったわけである。それを知らずに、しかも男二人で寝ていれば、誤解されても仕方ない。仕方ないのだが、今から他の場所を探して寝るのも面倒である。私は兄ちゃんに、自分たちは部屋が暑いから野宿しているだけのノンケなので構わないでくれ、と言った。途端、「ねえ、3000円でどう?」と切り出された。はあ?

「いや、それ無理」

「えー? マジ? じゃあ7000円」

「いやほんとにそういうのないから」

「信じらんねー。いくらならいいの?」

信じられないのはお前だ。だいたい無精髭《ぶしょうひげ》に作業パンツにワークベストのどこに惹かれたというんだ。とはいえ、正直、一体自分の体にいくら値段がつくものか、興味はあった。

だから交渉して釣り上げてみようか、とも思った。だが、釣り上げてうっかり値段が決まってしまったら、交渉成立だ。やめた。

「いや、いくら払ってもダメなものはダメ。ほんとに寝てるだけだから」

兄ちゃんはため息をつくと、去って行った。

翌朝、カラスの声で目が覚めた。頭上のシイの木にカラスが止まっている。コラ、俺は死体じゃない。まだ食えないぞ。そう思っていたら、隣で熟睡していたハゲチャが起き上がった。

「あ、おはようございまッス。寝れました?」

「ああ、貞操の危機はあったけどな」

「え? なんかあったんスか?」

私は昨夜の顚末《てんまつ》を彼に話した。彼は熟睡していたので全く何も知らない、そんな目にあったこともないと言った。

ふむ、俺はお前よりモテるみたいだぜ?

第6章　ナイトミュージアム

博物館の展示カタログ

午後10時過ぎ。遅くなったが、今日の作業が終わったので帰宅しよう。後片付けを確認し、展示室を消灯。展示フロアの照明が落ちているのを確認する。光は標本の大敵だ。必要がなければさっさと消したい。

真っ暗な展示室には非常誘導灯がうっすらと緑色の灯りを投げかけている。その、ぼんやりした灯りの中で、影がスッと動いた。

いや、あれはガラスに反射した自分の影だ。その向こうでは、何百という鳥の剝製《はくせい》が、ガラス製の目玉に同じ灯りを反射させてじっと動かずに並んでいる。ま、この中の1羽くらいは、夜中にふと目を覚まして動き出すということも、あるのかもしれない。まだ見たことはないが。

私が東京大学総合研究博物館に勤め出したのは2007年の夏だ。「鳥のビオソフィア」という特別展のために鳥類学者が必要ということで急遽《きゅうきょ》雇われたのだが、それまで博物館には全く縁がなかった。学芸員資格もない。そんなのでいいの？　と思ったが、ここで遠慮していたら一生仕事なんかないだろう。RPGなら「これをすてるなんてとんでもない！」と言われるパターンだ。行ってみるしかない。

で、幸いにして採用してもらえたわけだが、博物館に勤めて最初の仕事らしい仕事は、ニワトリについての文章を書くことだった。そして、書くなり教授にダメ出しされた。

私の勤めている東京大学総合研究博物館は、大学の部局の一つである。内部には資料部と研究部があり、私のいる研究部には人類先史学や考古学などの研究室があって、それぞれに教授や准教授や助教や研究員がいる。

当時私がいたところはMT研（ミュージアム・テクノロジー研究室）というところで、実験的な展示をしたり、特別展のプランニングやデザイン、展示設営を行ったりする部門だった。で、ここのボスだった教授が、研究部主任であり、今回の鳥の展示の企画者でもあった。

さて、ダメ出しは具体的にどうというものではない。「いろいろ良くないから、もう一回書き直して」と突っ返されただけである。何がどう悪いのかわからないので、多少の手直しをしてまた持って行った。

一瞥すると、教授はふぅ、とため息をついて、こちらを向いた。

「あのさあ、理系の論文ならこれでいいのかもしれないよ？　でも、ここ見てごらん。『である』で終わるセンテンスが3回も続けて出て来るじゃないか。君、こういうの気持ち悪くないの？」

あ……そっち？

「下世話な言い方になるけどね、僕らはここで、金を取れる文章を書かなきゃいけないんだよ。そこんとこちょっと気をつけて、書き直して」

なるほど、道理である。論文とカタログでは市場原理が違う。研究者が欲しいのは文章の内容、つまり書かれている事実関係という情報であって、文章そのものではない。文章はあくまで媒体にすぎないから、文体とか語尾の表現のバリエーションとか、そんなものを読んではいない。もちろん論旨が理解できないほどの悪文は困るが、そこまで論理的に理解し難《がた》い文章は編集部と査読者が指摘して直しているはずだ。家電の取扱説明書に、練り上げられた構成も華麗な筆致も必要ないのと同じである。

しかし、展示の図録（カタログ）は全く別なものだ。もちろん展覧会情報としての役目もあるが、カタログ自体にも作品としての側面があり、展示の一部とも言える。スタイルもデザインもなく「情報さえあればいいいんでしょ」では、少なくとも、この博物館の展示方針にそぐわない。まして、来館者が安くはない金を出して買うことなど、あり得ない。展覧会のカタログには、買いたくなるような、そして買って損をしたと思われないような、パッケージングも必要なのだ。

それはわかったが、金を払ってでも読ませられる文章。これは困った。どうすればいいんだ。そう考えてから、はたと気付いた。金の取れる文章の代表と言えば、つまりは自分が自宅の本棚にどっさり持っているアレ、さんざん読み漁った小説である。情報だけじゃなく、ちゃんと文体というものがあって、それ自体が雰囲気を作っている、アレかあ。

ということは、小説を書くようなつもりで言葉を選び、文章を練らなきゃならないわけだ。

いや、小説を書いたことはない（ご多分にもれず、中高生の時にノートの裏に「しょうせつ」を書き散らしたことはあるが、それは黒歴史の一種である）。だが、せっかく毎日のように読んでいたのだ。その記憶を総動員してやろう。もちろん和鶏の解説文が小説仕立てになっては困るが、「小説家が解説を書いている気分で」ということだ。

書き直した文章は、幸い、「これでいい」となった。最終的にゲラを見たら、そこらじゅうに添削が入って自分の書いた文章とはかなり変わっていたが。

進化論を生んだ鳥

「鳥のビオソフィア」展は公益財団法人・山階《やましな》鳥類研究所の全面協力のもと、山階鳥研が所有するが、普段は一般公開する機会のない標本の数々を展示・公開するという試みだった。さらに「鳥」というテーマで現代美術までが組み合わされて、展示室に入った途端、彫刻家ブランクーシの立体造形である「空間の鳥」がお出迎えする、という趣向だった。もっとも、スタッフの間では、罰当たりにも「金色のサンマ」というあだ名もあった。細長くて両端の尖った彫像はサンマみたいだったからである。

さらに奥に進むと真っ白いホワイトキューブに作り付けられた真っ白い展示台やシェルフに、鳥の剝製が載る。その先の壁には明治期の、東大理学部旧蔵の古写真。手賀沼《てがぬま》で取れた「かうつる」の写真もある。現代の表記なら「コウヅル」、すなわちコウノトリだ。当時はツルの一種として扱われていたのだろう。江戸時代まではごく普通の鳥だったが、その後、急速に絶滅へと向かう。

三重県で採集されたノガンの写真もある。ユーラシア大陸に分布し、日本には稀《まれ》に迷鳥としてやって来るだけだ。ガンよりも脚が長いが、どっしりした体と長い首は確かにガンを思わせる。体重は15キロ。現生の、飛行可能な陸生の鳥としては、おそらく一番重い。

その先にあるのが通称「博士の部屋」。真っ赤な壁紙、デスクと展示ケース、壁際にもキャビネットが並ぶ。その全てが標本で埋まっている。壁面の高い位置には巨大な版画──額装された、博物学者オーデュボンの「アメリカの鳥」の石版画が並ぶ。さらには鳥とは関係のない骨や美術品までもが所狭しと置かれている。狂気じみた作り込みで、博物学者の収集癖を再現してみせる、というコンセプトである。

この部屋のガラスケースに鳥を並べていて、一悶着《ひともんちゃく》あった。

「松原君、これ、並べて。並べ方は任せる」

「はい」

いや、任せると言われてもわからない。生物学者がパッと思い付くのは生物学的な分類順だが、こりゃ見事にバラバラだ。タイランチョウもあればエトピリカもいる。産地で分けようかとも思ったが、タイランチョウはアメリカ、エトピリカは旧北区の中でも東の方の高緯度地域。ルリコノハドリは東洋区で、コクホウジャクはアフリカだ。

とりあえず一段に1羽くらいは「目玉」を置いてやることにして、ヒヨイと1羽の鳥を手にして、驚いた。そうか、こいつだったか！

それは一見、なんの変哲もない、灰褐色の地味な鳥だった。だが、ラベルにはマネシツグミの文字がある。南米に広く分布する鳥だが、地理的変異が非常に大きい。ダーウィンが進化論の着想を得たのは、ガラパゴスフィンチよりも、むしろマネシツグミの存在が大きかったと言われている。

つまりこれが、進化論を生んだ鳥なのだ。

私は恭《うやうや》しく、マネシツグミを一番目立つところに置いた。アイレベル（目の高さ）で中央、いわば一等地である。

並べていると先生がやって来た。そして、一瞥するなり言った。

「松原君、その真ん中の地味なの、もっと端にやって。色味が合わない」

この時ばかりはマネシツグミと進化論について熱く語り出したので、先生も根負けして

「わかったわかった、じゃあそのへんでいい」と言ってくれた。

メジャーは博物館員の必需品だ

この頃は私も勤め始めで、展示を作るのも初めて。一体何をどうすればいいのかさっぱりわかっていなかった。だが、展示に関わっていくうちに、実に細かい点を注意されることに、すぐ気付いた。

「松原君、それ全然平行出てないよ」

「右が上がりすぎ。1センチ下げて。もうちょい。行きすぎ！　戻して」

「センターが出てない。それは標本の中心がもっとこっちだろう。均等に置いてもダメだよ。もっとずらして。もう少し。あと5ミリ」
5、ミリ？　どうやら、ここはこういう世界らしい。しかしまあ、言われてみればミリ単位でピシッと調整した配置は端正でおさまりがいい。自分でゼロから構想して作るのは無理でも、言われてやってみれば「なるほど」と納得はできた。とはいえ、「どういうやり方があって、ここではどれが一番いいか」というデザインの知識、いわば「引き出し」がちゃんとできていないと、おさまりのいい配列や美しい並びを自分で思い付くのは無理である。できたものがなんとなく「いい」とわかるだけではダメなのだ。海洋調査のアルバイトであたふたした時の気持ちを久しぶりに思い出した。
といって、ミリ単位だからと物差しを使えばいいというものでもない。

「この写真、左右はセンターで。下は5センチ空きくらいで」

そう言われて分厚いガラス板と写真を渡されたことがあった。ガラス板2枚で写真を挟み、これを垂直に立てて展示しようという試みだ。立てるためのスタンドは、金属加工のできるスタッフが真鍮《しんちゅう》で作って用意してくれてある。だが、挟んだだけでは写真が滑ってしまうので、ほんの少量の練りゴムを写真の隅につけて固定する。

いつもミリ単位で注意されるので、メジャーを出してガラス板の幅を測り、写真の幅を引いて2で割って……とノートを出して計算していたら、後ろを通りかかった先生がヒョイとこちらの手元を覗き込んで、言った。

「そんな数学的なことやってちゃダメ。それくらい君の目で測れないと」

とはいえ、何かと「測る」ことの多い商売なので、メジャーはいつも持っている。

フクロウのヘアメイク

寄贈標本を整理していて、標本のヘアメイクなんていうのをやったこともあった。寄贈品の中にあったフクロウの本剝製、なかなか良い出来なのだが、惜しいことに頭がペッタンコである。これは剝製の出来のせいではなく、保管している間に何かが当たった――多分、入れてあった箱がひしゃげて頭に接触した――からだ。

生きた鳥なら、このあたりは楽なものである。彼らは毎日、どころか日に何度も、自分の羽毛のメンテナンスをしている。一方、剝製の羽毛は我々が世話をしてやらなくてはいけない。

　だが、羽毛は爪や毛と同じく、既に死んだ組織である。一度折れてしまったら復活しない。生きた鳥なら生え変わるが、剝製にはそれも期待できない。じっくり観察すると、幸いにして、このフクロウの羽毛は折れてはいない。曲がってしまっただけだ。なら、まだ手はある。

　手元の剝製標本の作り方を書いた本のページを繰った。確か、役立ちそうなことが書いてあった記憶がある。ああ、ここだ。剝製のスズメの羽毛をふわっとさせたくて、当代の名人に聞いてみるくだりだ。

「それは橋本さん何でもありませんよ、脚の針金で逆さに吊下げておくのですよ」（『動物剝製の手引き』橋本太郎著・北隆館）

　なるほど。さらに、蒸気を当てるという手があったはずだ。私は研究室の電気ポットを「再沸騰」にし、シャーッと音がするまで待った。それからおもむろにポットの蓋《ふた》を開け、フクロウの頭に湯気を当てた。いわば剝製のヘッドスパである。もちろん湯に浸したりしてはいけない。そんなことをしたら腐敗の恐れもあるし、せっかく乾燥して落ち着いていた皮膚が緩み、羽毛の脱落や破損を招く。少しだけスチームを浴びせて羽毛を整えたいのだ。本当は細いノズルからスチームを噴射するようなものが欲しいが、ないものは仕方ない。そうだ、バリスタが使っているような、口の細いヤカンはどうだろう。

そうやって何度か蒸気を当てては柄つき針で羽毛を1本ずつ起こした。それから、剝製の足裏から延びる針金を曲げて、収蔵庫の天井の配管から垂らしたビニール紐にくくりつけた。剝製の脚の中には針金が通してあって、これを台座に刺して固定するようになっている。これでフクロウの逆さ吊りが完成である。誰かに救出されてしまわないよう、紐には「補修中　触らないこと」と書いた紙をつけておいた。

部屋を出ようとして、灯りを消す前に振り向いた。

部屋の真ん中で逆さ吊りになったフクロウがかすかに揺れているのは、かなりシュールな光景であった。

日本に未だ標本がなかった時代の産物

博物館の標本はそれぞれに由来もあり歴史もあるのだが、それが全て伝わっているとは限らない。本当ならきちんとラベリングされ情報がデータベース化され誰でもいつでも参照できる——のが建前なのだが、全てがそんなにうまくいくわけではない。大学にある古い標本は、「昔、誰かが手に入れたのだがその時代の人はもう誰もいないし、ラベルも読めない」という場合も多いのだ。残念だが、こういった標本は生物学的な研究には適さない場合がある。例えば生物の地理的変異を知りたい場合、どこで採集した標本かわからなければ使いようがない。

といって、由来のはっきりしないもの、今は価値のなさそうなものを全て「ゴミ」として断捨離してはダメだ。捨てたものは帰って来ない。そのために博物館というものがあり、標本だろうがガラクタだろうが、ひたすら収集して収蔵しているのである。

一例を挙げれば、現在、ドードー（モーリシャス諸島にいた鳥で、17世紀に絶滅）の完全な標本は一体たりとも残っていない。1683年に1羽がロンドンに渡り、この個体は死後、オックスフォードの博物館に剥製として収蔵された。ところが管理が悪かったのか虫に食われてしまい、1755年には焼却処分になってしまった。その標本で残ったのは頭と脚だけである。それすらも、キュレーターがハタと気づいて焼却炉から引っ張り出した燃え残りだという逸話まである（切り取って保管してあったという話もある）。我々が「ドードー」として知っている姿は、あくまで想像図なのだ。

さて、東京大学理学部から博物館に移管された一連の標本の中に、爬虫類・両生類の剥製標本がある。正直言って、状態はそれほど良くない。破損もある。ラベルも破れていたり、もう読めなくなっていたりで、由来がわからない。

ただ、他の標本と比べても格段に古く、縫合線や破断面からは木屑のようなものがパラパラとこぼれている。劣化した木綿（もくめん・ウッドパッキンとか木毛とも言われるもの）か。全体の形はあまり良くない。なんというか、製作技術が未熟なように見える。

だが、この一連の標本をよく見ると、どうも標本の種類が奇妙なことに気付く。サンショウウオの剥製はオオサンショウウオのような姿をしているが、ずっと小さい。体つきも違う。オオサンショウウオはもっと幅広く、ぶよっとしている。単純に標本製作が下手クソでオオサンショウウオに見えないだけかもしれないが、どうも、皮膚の質感や雰囲気が違うのだ。こんなサンショウウオは、日本にはいない。

そして、ヘビ。これも奇妙な姿である。胴体と頭の太さが同じで、尾のあたりが妙に太い。この寸胴な感じはジムグリのようでもあるが、鱗が全然違う。尾の形も違う。これも日本産のヘビではない。見覚えはあるのだが……そうだ、サンドボアかジムグリボアに似ている。どちらにせよ、アフリカ方面に分布するヘビだ。

カメもそうだ。うっすらと残る模様を見る限り、キバラガメのようだ。キバラガメはアカミミガメに似た種類で、北米産である。

真ん中にデンと鎮座するカエルは、ウシガエルだ。だが、この標本は、似た作りの標本群と比較してみても、多分もっと古い。おそらく1800年代だ。これは要注意である。

同じ教室から来た、これも同じくらい古いカエルの交連骨格標本が何体もあるが、全てヒキガエルである。血管系のスケッチにも「*Bufo japonicus*」と書かれている。ヒキガエルの学名だ。現在なら解剖実習によく使われるのはウシガエルだが、なぜ？

それは、ウシガエルが1920年代に食用として北米から輸入された外来種だからである。それまで、簡単に手に入って、解剖しやすい大きなカエルと言えば、ヒキガエルだったのだ。となると、むしろ、1体だけウシガエルの剥製標本があるのがおかしい。これはアメリカから輸入されたものなのでは？　だとすると、サンショウウオも、小型ではあるがアメリカオオサンショウウオ（ヘルベンダー）という可能性が出て来た。

そうか、これは御雇外国人が教鞭を取っていた時代に、外国の標本商から購入したものなのでは？　日本にはまだ適当な標本や教材がなかった時代。そういったものの作り方から覚えなくてはいけなかった時代。その頃の産物が、今も残っているということではないか。

まだ確証はない。だが、ブツがそこにある以上、何か確かめられることもあるだろう。標本の製作方法、台座やラベルの作りなどなど、「製作物」としての切り口もある。もし、ラベルもないボロい標本だからと焼却炉に叩き込んでいたら、全てはそこで終わっていたはずなのだ。

夜明け前の博物館では妙なことが起こる

さて。

『ナイトミュージアム』という映画がある。夜になると博物館に展示されている恐竜の骨やら剝製やらジオラマのフィギュアやらが動き出して大騒動を繰り広げる、という愉快な映画だ。もちろん、これはフィクションである。今のところ、夜中に博物館の展示品が勝手に歩き回っていたことはない。ない、と思う。だが、夜の博物館というのは、時に妙なことが起こる。

その日、展示設営が終わったのは午前3時だった。モバイルミュージアム、つまり博物館ではない場所に、突如としてミュージアム空間が出現するというプロジェクトの一環で、都内の別の場所で仕事をしていた。この時の展示場所は高級ブティック。閉店後に作業を開始して、翌朝までに全て作り終えなければならない。事前に図面と写真上でデザインや配置を詰められるだけ詰めてあったとはいえ、やはり、現場で現物合わせという部分は残る。最後の最後で「やっぱりこうしようか」という部分だって出て来る。何人かのチームで取りかかったが、展示にはだいぶ時間がかかってしまった。

やっと作業を終えて現場を片付け、残った資材や道具や空きコンテナを車に詰め込み直し、大学に引き上げて来たら午前4時だった。車から下ろした物資を片付けるのに、さらに数十分。コンテナケースを抱えてエレベーターのボタンを押そうとしたら、目の前で突如として、1階で止まっていたエレベーターが動き出した。階数表示のランプが2階を通り過ぎ、3階まで行って止まる。はて、我々もこれから3階に行くのだが、誰か先に行ったっけ？

ボタンを押すと、エレベーターはすぐに下りて来た。これに乗って3階へ。ドアが開くと、真っ暗な廊下だった。足を踏み出すとセンサーが反応して灯りが点《つ》いた。ブツを入れようとしていた資料室はエレベーターの前だが、真っ暗で鍵がかかっている。誰か先に来たわけではないらしい。ふむ、誰かこのへんの部屋の学生がエレベーターを呼んだのか。それにしてはどの研究室も人がいないようだが。

資料室の鍵を開け、物品を片付けていたら、フッと廊下の灯りが消えるのが見えた。そりゃそうだ、廊下を歩いている間に灯りが消えるのは困るが、一人通るたびにいつまでも点灯してたんじゃ人感センサーをつけてまで節電する意味がないもんな。5分くらい点灯していたようだけど、もっと短くてもいいいんじゃないかな。

……ちょっと待て。

エレベーターは3階に行った。つまり、誰かがボタンを押したのだ。そして、すぐ下りて来た。これに我々が乗って、上がって、ドアが開くまで1分かかったかどうかだ。だが、エレベーターにも、3階の廊下にも誰もいなかったし、灯りの点いている部屋もなかった。何より、その時の廊下は、真っ暗だった。

センサーを反応させずにエレベーターの前に立つことはできない。つまり、我々が到着する前5分にわたって、廊下は無人だったのだ。誰もエレベーターを呼んだりはしなかった、ということにならないか？

じゃあ、我々の直前に誰かがエレベーターに乗っていて、3階で降りたのか？ これも違う。3階の廊下に出たら、やっぱり灯りは点いてしまう。エレベーターから降りずに、また1階に戻るのもナシだ。それだと、ドアが開いた途端に我々と鉢合わせする。では他の階で降りた？　それも違う。２階に止まった様子はなかった。

エレベーターを動かしたのは、誰だ？

夜明け前の博物館の気温が、さらにスッと下がった気がした。私は恐る恐る、一緒に片付けをしていた同僚に、今気付いたことを話した。

「……どういうことだろうな？」

「あー、まあ色々あるんじゃないスか？」

「まあ、器物も１００年経てば付喪神《つくもがみ》になるっていうしなあ。何かいるかもなあ」

「あるある。夜中になんか歩いてることあるし」

「え、マジで」

「うん、怖いから見ないけど、廊下で足音聞こえる」

いやそれは誰かがほんとに歩いているだけじゃないのか。大学とか博物館とかいうところは、深夜まで作業や研究をしている奴がいるものだ。しかし、何万点という物品が集まれば、曰く付きのものだってそりゃあ交じっているだろう。だいたい、「かつては生きていたもの」が山のようにあるのだ。中には、ヒョイと目を覚まして散歩したくなる奴だって、いるかもしれない。

「気のせいっちゃ気のせいなんだろうけどねえ」

「そうそう、気のせい気のせい」

「じゃ、気のせいってことで」

私と同僚は、全てを気のせいということにして、その日の仕事を終えた。エレベーターの自動的な作動ということもあるだろうし、深く考えても仕方ないのである。博物館とは、そういうところ。そう思うことにした。

しかし、研究室で朝まで仮眠しているのがちょっと怖かったのは事実である。


今、この文章を深夜のオフィスで書いているが、さっきからどこかでパタパタ、トタトタと音がするのは、なんだろう？　空調の風で窓のシェードが揺れているだけか？　あるいは上のフロアのコンベンションホールで深夜の設営作業でもしているのか？

まさかとは思いますが、本棚の上のワオキツネザルの骨格標本がお散歩していたりは、しませんよね？

第7章 謎の生物「ヨソモノ」

カラス屋、カニ屋と猛禽類の調査へ

2005年頃、大学院生の時だった。同じ研究室に、いかがわしい後輩とコワモテな後輩がいた。さらに言えばチャラい後輩とヤカラっぽい後輩もいたが、これはとりあえず割愛《かつあい》する。いかがわしい後輩はロングコートでそのへんを徘徊《はいかい》する。コワモテな後輩は大柄な体軀《たいく》とドスの利いた声で、しゃべるだけで知らない人間を威圧する。私は迷彩服に双眼鏡を持ってそのへんをうろつき、そうでない時は黒コートを翻していたが、単に若干、怪しいだけであって、いかがわしくも威圧的でもなかったはずである。

ここでは仮に、「いかがわしい後輩」をオージー、「コワモテな後輩」をアフロとしておこう。オージーはオーストラリアで何かやらかしたらしいが、詳細は書かないでおく。アフロは国際協力でアフリカにいたことがある。

この日はアフロの研究テーマである、クマタカの調査で三重県の山の中にいた。繁殖確認のため早春から観察しなければならないのだが、営巣場所が絞り込めておらず、複数の箇所から見張る必要があったのである。オージーはカニ屋なので「オレ、見えても何かわかりませんよ？　あそこに鳥が飛んでるって言うことはできますけど」と言っていたが、

「見つけてくれたら松原が確認する」ということで、私とセットで調査に当たった。

私はオージーの車に便乗して行ったのだが、彼の軽ワンボックスはなかなか面白い仕様だった。夏になると海辺で長期間の調査を行うので、この車は調査中の彼の家であり、研究室でもあるのだ。窓の内側には網戸がつけられるようになっており、シガーソケットから延びた電線は、天井の蛍光灯に繋がっている。

「点灯する時だけちょっと電圧いるんでエンジンかけて、あとはバッテリーだけで使えますよ」

「そうか、ここに住んでるんだもんな」

「ほんまはインバーターつけたいんですけどねー」

彼はこの手の改造が得意なようだ。ふとダッシュボードを見ると、壊れた眼鏡やサングラスが並んでいる。どれも右側のレンズがない。いや、壊れているのではなく、こういう仕様だ。一つは左側のレンズをマジックで塗りつぶしてある。どれも右目が素通しで、左目だけ塞ぐようになっているのだ。

「それ、商売道具です」

オージーが私の視線に気付いて言った。そうか、彼は調査のために干潟でビデオ撮影をするから、そのための小道具に違いない。

「ずーっとビデオのファインダーを覗いている時に片目つぶったままでいるのキツいんですよ。干潟の照り返しもキツいですし」

「あー、射撃競技用の眼鏡みたいなもんやな」

ピストル射撃競技では、片目を覆う眼鏡状のものをかけることがある。実用射撃では両目を開けて周囲を広く見るが、標的射撃競技の場合、狙いがものすごくシビアだから、余計なものを見ないようにするらしい。

「知りませんけど、まあそんなもんです」

「何個もあるのは条件で使い分け？」

「ですね。天気によって照り返しが違うんで」

そこで、私は最大の疑問を口にした。

「なあ……なんでダッシュボードにマグロの尻尾のミイラが載っかってんの？」

「え、オカズですよオカズ。これの匂いだけで飯3杯食えますよ」

言われてみれば、彼の車はツナ缶の匂いがした。

極上のキムチ鍋と、ニワトリ

夜、アフロが合流した。今夜はキャンプして、明日一日調査だ。そして、どうでもいいのだが、恐ろしく寒い。山間部なので仕方ないが、洒落にならない寒さだ。

「ちくしょー寒いッスねえ！　鍋にしませんか」

アフロが提案した。

「ああ、それがいい。なんかあったまるやつ」

「あ、オージー、あれにしねえ？　キムチ鍋！」

我々は早速、買い出しに向かった。スーパーに着くと、アフロとオージーが何やら相談を始めた。

「こないだ見たやつさあ、あのオバちゃん、何がいるって言ってたっけ」

「サバとスルメがマストみたいな」

「あー、それだそれ」

なんでも前回、アフロとオージーが二人で調査していた時、どこかの店でたまたまテレビを見て、その番組で韓国人のオバちゃんがキムチ鍋の作り方を解説していたらしい。

「スルメはわかるが、サバか」

「塩サバって言うてましたよ」

「なんか違うんスかねえ」

「さあ……？」

ああだこうだ言いつつ、スルメを探し当てた。続いて塩サバ。豚肉。野菜。

「キムチ鍋の素っている？」

「出汁も調味料もあるし、キムチそのものがあったらいらんと思うけど」

「これくらいあればいいっスよね？」

など、大雑把な買い物を済ませてキャンプに戻り、まずは鍋を火にかけて、切った（というか引きちぎった）スルメを放り込む。次に塩サバをぶつ切りにして放り込む。その上に豚肉、大根、白菜、キムチ、豆腐と入れて、煮込む。アフロもオージーも辛いのは平気なので、かなり遠慮なくキムチが入っている。

煮えるまで私とアフロとオージーとニワトリでぼーっと過ごした。ニワトリはあだ名ではなく、本物のニワトリだ。アフロが養鶏場でもらって来た。かわいそうだが、猛禽を捕獲するためのオトリである。紐で脚をテントに繋いであるが、コッコッコッと小さく鳴きながらそのへんをつついている。

さて。

煮えた鍋におたまを突っ込み、底からぐいと混ぜた。底の方にスルメとサバがいるはずだ。サバはもう煮崩れるくらいになっている。スルメもいい具合に戻ったようだ。

食ってみて仰天した。うまい！　サバがとてもうまい！　あとスルメもいい味出してる。

「すっげえ！　あのオバちゃんが言ってたのホントじゃん」

アフロが叫んだ。

以来、キムチ鍋を作る時には「スルメと塩サバを入れよう」と提案することにしている。

空き地にUFOが下りて来た？

さて。

翌朝は調査だった。アフロは巣があると思われる場所の近くを移動しながら調査。私とオージーは少し離れた、集落のはずれの空き地から広範囲を監視である。相手はクマタカ。どこに現れるかわからないので、広範囲に稜線《りょうせん》上を探らなければならない。そういう意味でも、二人で受け持ち範囲を分担して見ていられるのは都合がいい。

アフロは背が高い。多分、185センチくらいある。そして、痩せていて、ひげ面《づら》である。着ているものは黒っぽい。ニットキャップを被って、なんとなくカナダあたりの漁師みたいである。

一方の私は迷彩服。寒さよけに、同じく迷彩系のハットも被っている。首から双眼鏡を下げ、目の前には三脚に載った望遠鏡が立っている。

そうこうしていると、スクールバスが通って行った。ガラガラだ。分校ではないにしても、子供の数が少ないのだろう。

バスを見送ってから、オージーがこっちを向いて言った。

「僕ら、ガン見されてませんでした？」

「されてたな」

「絶対、小学校で噂にされますよ」

「変なヤツらがいたって？」

「そうそう。他所者とか絶対尾ひれついて噂になりますからね。僕ら10人くらいいたことにされてますよ、きっと」

「噂って確かに途中で話を盛るよな」

「松原さんなんか全身迷彩で、機関銃持ってたとかにされますよ」

「君も身長3メートルくらいにされそうやな」

「あと、双眼鏡に尾ひれついて『目玉が前に伸びてる』とか」

「手が望遠鏡だったとか？」

「他所者はそんなんや、って絶対言われてますって」

「他所者どころか宇宙人やな」

「次は『あそこの空き地にUFOが下りて来た』ですね」

「宇宙人路線は決定かぃ（笑）」

「他所者ですもん（笑）」


いや、そうなのだ。人間は見た目の印象的な部分を強調する。江戸時代に描かれたラクダの絵など、明らかに大きさがおかしい。横に描かれた人間と比べると、肩高が3メートルくらいありそうだ。これではキリンである。

もちろん、当時の人がラクダとキリンを混同したのではない。初めて目の前で見るラクダが、雲をつくような巨大さに見えた、という驚きを表現しているだけだ。そういう意味では感覚的には正しいのである。

結局、この時はクマタカがあまり飛ばず、「まあ、あのへんなのかなあ」で終了した。

クマタカの巣発見、しかし……

それから数ヶ月、調査を続けたアフロはついにクマタカの巣をつきとめた。彼は巣の中を撮影するため、タイムラプスビデオを入手した。タイムラプスというのは、全ての時間をベッタリ撮影するのではなく、10秒に1回といったペースで短い撮影を繰り返す装置だ。これなら1本のビデオテープに長時間の記録を残すことができる。撮影できた画像はコマ落としになるのでチラチラして見づらいが、「何があったか」はだいたいわかる。

撮影していない間に起こったイベントは見逃してしまうが、親が帰って来て餌を与えていれば、まあ分単位で巣に留まるだろうから、最低限「巣に戻った回数」は記録できるはずである。頻繁にテープを交換することができない調査地なので、これで乗り切るしかない。電源は自動車用のバッテリーを何個か持ち込んで配線することになった。彼は週に1度か2度、調査地を訪れ、バッテリーやテープを交換し、現場で調査をして帰って来る。それから、研究室でビデオをひたすら見る。見る。見る。そうやって何があったかを事細かにチェックするわけだ。

初夏、私とオージーは再び、アフロと共に調査地を訪れた。

今回はビデオの設置が目的だ。巣立ちは目前のはず。巣の発見と機材の手配に時間がかかってしまったので、撮影できる期間はほとんどないが、仕方ない。今回はアフロがなんとか木に登って、巣を見下ろすアングルでカメラを仕掛けるのが目的である。営巣に悪影響を与えないよう、電源とビデオデッキはかなり離れた場所に置き、カメラから長いケーブルを引っ張る予定だ。私たちは巻いたケーブルとビデオデッキとカメラとバッテリーを分担して持ち、巣があるという山の中に踏み込んだ。

巣は集落を見下ろす山肌にあった。意外と人里に近い。だが、奥の方が広がった深い谷の中にあり、まっすぐ里を向いてはいない。

作業道を辿って、急峻なスギ林の中を登る。かなりの勾配だ。暑い。汗が吹き出して来る。事前にアフロが「あのへんですよ」と指差していたのは、山の中腹だった。それなりに距離がある。

最初は軽口を叩いていたが、3人ともだんだんしゃべらなくなった。かなり登ったはずだが、まだだろうか。

「ムササビの巣が落ちてたとこが目印なんだけどな、おかしいな」

アフロがぼそっと呟いた。え？　ムササビの巣？

「枯れ草で編んだ丸い奴か？」

「そうっスよ。結構デカいの」

「それ、さっき足下にあったぞ？」

「ええっ！　ホントっスか？」

ムササビの巣かどうかは知らないが、それらしいものは確かに見た。アフロが素通りしたのでなんでもないのかと思っていたのだが。

「やっべ、通り過ぎちゃったよ。すんません」

まあいい。戻るのは楽だ。私たちは回れ右してスタスタと山を下り始めた。えーと、この先のあたり。

「あ、ほんとだー」

アフロがうなずいた。どうやらこれが目印で、ここから右にそれた斜面の途中が巣らしい。

「ここに機材を置こうと思うんですけど、どうですかね」

「ええんちゃう？」

オージーがうなずき、大きなプラケースに入れたビデオデッキを下ろす。アフロもバッテリーを取り出した。私は巻いたケーブルをザックから引っ張り出す。

「ここからケーブル引っ張って行きましょう」

「あいよ」

ここからはアフロが道案内してくれないと全くわからない。彼がケーブルの先端を持ち、オージーがさばき、私がケーブルを先へ送る。地面を這わせるか、高い位置にするかは後で考えるとして、まずはケーブルを伸ばしてしまおう。

藪《やぶ》や枝を避けながらケーブルを引っ張るのは案外面倒な作業だった。遅々として進まないまま、20メートルほど前進したところで、私は妙な声に気付いた。

木枯《こが》らしが吹き抜けるような、嗄《しわが》れた、鋭い声。文字にすれば「ヒョヒョヒョヒョ！」とでもなるか。何か聞き覚えがある。これは……。

トビ。トビの「ピー、ヒョロロ」の「ヒョロロ」の部分によく似ている。あれをもっと強い調子にして、かすれさせたような。

「これ、猛禽っぽくないか？」

「……っぽいですね」

「トビの巣を見たことあるんだけどさ、トビの親がカラスと喧嘩している時にこんな声出してた」

「じゃあ威嚇されてるんですか？」

「わからん。猛禽の音声なんて考えたことなかったからなあ」

私たちはしばらく歩みを止め、様子を窺った。

声はまだ聞こえる。そういえばさっき登って来た時も、ムササビの巣の右手からこんな声が聞こえた。だが今は違う。もう少し、谷に入ったところから聞こえる。標高も少し低い。数分すると、また方向が変わった。

「移動してるんじゃないか、これ」

アフロはしばらく耳を澄ましてから、ぼそっと言った。

「……してますね」

「この声、親か？」

「いや、多分、雛っすね」

「じゃあ巣立ってんじゃん」

「あーーー……」

そう、その声は巣立ち雛がスギ林の中で鳴いている声だったのだ。残念、我々は少し遅かった。雛が巣から出てしまった以上、巣にカメラを仕掛けても無駄である。今年の撮影のチャンスはこれで終わりだ。

落ち込むアフロに、「まあ、巣の下を探せば餌が落ちてるからさ」と声をかけた。クマタカの巣は環境調査のバイトで見たことがあるが、巣の下には食べこぼした餌が色々と落ちていた。ヤマドリやトラツグミの羽、何かよくわからない鳥の脚などだ。リスの尻尾もあった。これらは、親鳥が持って来て雛に与えたものである。つまり、ある程度は何を食べていたかがわかるのだ。断片的だが、何もわからないよりはいい。

「で、どうする？」

「……ちょっと落ち込んだっス。あー、ちくしょー」

アフロはその場に座り込んだ。その気持ちはよくわかる。クマタカの巣を探すのは簡単なことではない。毎年営巣するという保証もない。生息密度の低い鳥だから、そう簡単に「じゃあ隣のペアの巣を探せばいいよ」というわけにもいかない。営巣調査のデータが1年ぶん吹っ飛び、下手すると来年のデータも危ういのだ。まあ、彼は抜かりなく他のペアの居場所も押さえてはいるが、その無念はよくわかる。

とはいえ、仕方ない。その日はもう調査を中止して、仕切り直すことにした。

大自然の温泉（?）で魚につっつかれる

山を下りると汗だくで、全身に土や落ち葉がくっついている。

「風呂、入って行きませんか」

アフロが言った。

「え？　あるの？」

「風呂、っていうか、山ん中なんですけど、いいとこあるんですよ」

ふむ、温泉だろうか。地元の人にしか知られていない温泉というのはよくある。そういうところで汗を流して行くのも悪くない。

私たちは車に乗り込み、アフロのジムニーの先導で走り始めた。道はどんどん山の中に入って行く。舗装道路ではあるし、多分、山を越えるとまた別の集落でもあるのだろうが、「何かある」感じのところではない。道の下に谷川が流れている。むしろ渓流釣りにでも行く感じだ。そういえば、青森で渓流の脇に温泉がわき出しているところがあったが、あんな感じだろうか？

しばらく走って、アフロが車を止めた。オージーのバンも止まる。

「ここっスよ！」

「……川やん」

「暑いし、水でも大丈夫っスよ！」

つまり、彼の言っていた「風呂」は、ちょうど漬かれるほどの広さのある、谷川であった。

まあいい。水はきれいだし景色もいい。道端だが、道路からは2メートルくらい低いから丸見えというわけでもない。それに、こんなところをそうそう人が通るはずもない。怪しい3人組というところに多少の問題はあるが（正確に言えば、アフロはいかつく、オージーはいかがわしい）、まあよかろう。

私たちは適当に服を脱いで畳んで岩の上に置き、谷川に入った。冷たい！　冷たいが、気持ちのいい水だ。ちょうど深くなっているところで、水深は腰の上まである。底はサラサラした白砂。水苔が多少ヌルヌルするが、これは仕方ない。むしろ、このヌルヌルの藻類が餌になって、昆虫や魚を養っているのである。そう考えていたら、剝き出しの足にコツンと何かが当たった。落ち葉でも流れて来たか？　いや、何もないようだが。またコツンと当たる。なんだろう？

岩にもたれるように体を沈めていると、水中をキラキラ光りながら動く影に気付いた。

魚だ。小さいが、魚がいる。それも集団だ。カワムツか何かの仔魚だろうか。

魚の群れは流れの中を泳いで来ると、足の陰の流れの緩いところに集まった。それから、足にまとわりつくように近づいて来た。

すると、またも何かがコツンと足に当たった。1度ではない。2度、3度と、足に当たる。まさか、と思って見ていると、小魚が私の脛《すね》のあたりをつついているように見える。見えるだけか、と思ったが、確かに脛にコツコツと何かが当たってもいる。これはやはり、魚が足をつついているのだ。

「松原さん、さっきから何か足に当たってません？」

「うん、なんか魚にたかられてる」

「え、これ魚っスか？」

「魚だよ」

なんで魚が足にたかるのかはわからない。ドクターフィッシュと呼ばれる魚がいるが、あれと同じだろうか？　ドクターフィッシュは熱帯性の小魚だが、人の皮膚の角質層をつついて食べてくれるので、美肌効果があるとか言われている。正直言ってその程度でどうにかなるほど人間の角質層はヤワではないと思うが……。

「これ、何か食ってますよね？」

「食ってるんだろうな」

「それさあ、俺らの足がすげー汚ねえってことじゃねえ？」

「え、俺ちゃんと洗ってますよ。めっちゃきれいっすよ」

「じゃあなんでそんな魚がたかるんだよ！」

オージーとアフロが議論を始めた。なんにせよ、人間の皮膚なんてどんなに清潔にしていようが表面に角質層はあるわけで、それを食べている可能性はもちろんあるのだが、こいつらそんなもん食べたっけ？　何か化学的な信号？　例えば皮膚表面から溶け出す乳酸とか？　これだけ汗をかいているのだから、乳酸のような老廃物は大量に付着していたはずだ。それが魚には「何かわからないけど、タンパク質の食えそうな匂いがする」と判断されているとか？　それともスネ毛か？　魚は藻類を食べるから、何か藻が生えていると勘違いしてつついているとか？　さすがに脱毛してくれるほどの力はないだろうし、別にしてもらわなくてもいいのだが。

何か違うかと思って腕を差し出してみたが、こっちにはあまり来なかった。とはいえ、腕を動かしたらサーッと逃げてしまったので、警戒して近づかなかっただけかもしれない。

しばらく入っていたが、魚は一向に、つつくのをやめない。だんだん怖くなってきた。こいつらは一体、何がやりたいのだ。無害そうな小さいのが寄ってたかって実はエライことになる、ってのはホラーとしては定番だが、なんだか嫌なイメージが浮かんできた。『ハムナプトラ』とか、『黒い絨毯』とか。そのものズバリの『ピラニア』って映画もあったなー。

俺はカッパか変質者か……

そう思っていたら、静かな排気音が聞こえた。車が近づいているのか？　と思って顔を上げたら、頭上の道路、ガードレールの向こうに、赤い小型車がいた。近づいているどころじゃない。水音で気付かなかったが、目の前だ。カーブが近いので徐行している。そして、運転していた30歳くらいの女性と、ばっちり目が合った。

しまった、誰も通らないだろうと思って油断しすぎた。

向こうは慌てて目をそらすと、アクセルを踏んで走り去った。

「……見られたっスかね……」

「一応、タオル巻いてたけどな」

「まあセーフでしょう」

「いやあ？　わりとアウトだと思うけどなあ」

山の中で半裸（というか全裸）のむさ苦しい男どもに出くわすのは、どう考えてもホラーである。次は「ヨソモノ」の噂にカッパみたいな逸話がくっついているに違いない。いや、それでも変質者扱いで通報されなかっただけ、マシなのだが。

「俺、今までに職質10回くらいやられてるんだよな」

「え、俺、職質とかないっすよ」

「なんでだよ、お前が一番怪しいじゃねえかよ」

山賊のごとき怪しい3人組の大騒ぎをよそに、明るい草藪でホオジロが鳴いた。

第8章 ケダモノ5班の彷徨

クーコール

1998年夏、屋久島。

朝7時20分。キャンプ地のそこかしこで、仲間たちが出発の準備をしている。

デイパックの底にはカッパを入れてある。真夏の屋久島を含む6年の酷使がたたって、今や防水性が極めて心もとないのだが、幸いにして今年は天気がいい。

次に、昼飯を入れたコッヘル。水筒がわりのペットボトルにはさっき水を入れた。ファーストエイドキットと非常用装備。非常用装備の中にはエマージェンシーブランケット、防水マッチ、ロウソク、乾電池などが入っている。シャツはどうしよう？　まだ寒いが歩けばすぐ暑くなるだろう。よし、脱いで丸めてデイパックに入れておこう。

地図とデータシートはファスナー付きのビニール袋に入れ、作業ベストの懐へ。ベストの左ポケットに支給品のフィールドノート。個人的な情報と交じらないよう、調査データはこっちに書いて、最後に提出する。データをまとめる段階で元データに当たる場合があるからだ。ノートにはボールペンが差さっている。

胸ポケットのコンパスは、落とさないように紐をポケットのボタンホールに通してある。

腰のベルトから気圧高度計を取り、スイッチを入れ、標高をチェックしておく。ここで標高を合わせておかないと、全く役に立たないからだ（今ならGPSでもっと簡単に標高も現在位置も知ることができるが）。表示された高度は少し低すぎる。また気圧が上がったのだ。ボタンを押して、正しい標高に修正する。

右ポケットのトランシーバーを出し、スイッチを入れる。トランシーバーは防水のため、小さなシールパックに入れてアンテナだけ外に出してある。トークボタンを押すと、近くにいる誰かのポケットから「ピッ」という受信音が鳴った。よし、ちゃんと送信されている。

その間にも「聞こえますか、聞こえますか」「前方に若いオスザル」「誰がサルじゃ」など、各自、無線をテストしている通信が入って来る。

「クウ？」という声が入ると、一斉に「クウ？」「クー？」と返事があるのは、サル調査の定番だ。ニホンザルが仲間の位置を確かめるための、クーコールと呼ばれる鳴き声の物真似である。ニホンザルはしょっちゅう、小声で「クー」と鳴く。これを聞くと周囲のサルが間髪を容れずに「クー」と口々に鳴き返す。これを聞けば群れの広がりがわかるので、自分が群れの中心にいるのか、採餌に夢中になっている間に群れに置いて行かれそうになっているのかがわかる。調査中にこの声が聞こえたら、100メートルと離れていないところにサルがいる証拠だ。

林道のずっと下に向かう班は既に出発した。他の班も立ち上がり始めている。

デイパックからエアーサロンパスを取り出し、ズボンの裾《すそ》と靴下に吹き付ける。ついでに、靴の履き口あたりにも。これはヒルよけだ。キンカンでもよい。ヤマビルは刺激物が嫌いだ。たとえ登って来てもエアーサロンパスの刺激のせいで「どうしよっかなー」と迷い始めるので、その間にヒルに気付いて払い落とせる。というか、その可能性が高まる。

登山靴をきちんと履き、靴紐を締める。編み上げた紐を1段ずつ引き締め、最後に足首のフックに紐をかけて、キュッと引っ張って結ぶ。よし。

ベストの懐から迷彩のバンダナを出し、額に巻いてギュッと結ぶ。特に意味はないが、これは私のルーティーンみたいなものだ。山に入る時の、「よし、やるぞ」という儀式である。

デイパックを担ぎ上げ、周囲を見回す。

クマ、特攻隊長、ウッシー、シカシカ、ハゲチャ、ケンケン。

よし、全員いるな。コビンと名人は、今日は食当（食事当番）兼フンセンでキャンプに残る。フンセンとは「糞センサス」つまり「うんこ調査」の略で、林道を歩いてサルの糞サンプルを拾って来る仕事だ。最終的には糞から種子を洗い出し、食性の解析に用いられる。

私とクマは統括者で、サルを追って歩き回り、あとの5人がそれぞれ、持ち場の定点に散らばる。

「じゃ、5班、行きますか」

絶対谷に下りるな

林道を歩き、いつもの入山ポイントへ。幸い、キャンプからちょっと下ったところだ。カーブミラーの少し先、わずかな樹木の切れ目にある。

我が班の受け持ち範囲には2本の尾根が平行して走っており、「辻北尾根」「辻南尾根」と呼び習わしている。私とあと二人は辻南尾根に入るので、ここから入山する。辻北の定点3つは、林道をもう少し下ってから入山だ。そちらは、今日はクマが受け持ってくれる。

おそらくシカ道だったのだろうが、急斜面を斜めに下る踏み分け道がある。藪の中へ潜り込むという方が正しいが、これは「ルート」だ。

足を滑らせないよう、立ち木をつかみながら下る。まだ体が温まっていないので要注意だ。馴染《なじ》んで来れば、ヒョイヒョイと下りられるのだが。

斜面を下りきり、コケと倒木に覆われた平地に出る。ここが平瀬、『もののけ姫』でシシ神が棲む森のモデルの一つになったという谷間だ。目の前を瀬切川が流れている。川幅は10メートルほど。このあたりは例外的に平坦なので、こんな風に下りて来て川を渡ることもできるが、屋久島の渓谷は普通、近づくこともできない崖下にある。絶対に谷に下りるな、と厳命される理由だ。急斜面がそのうち崖になり、巨岩の間を激流が流れる谷間に落っこちて終わりである。

飛び石伝いに川を渡り、全員が対岸に到着した。定点は全て瀬切川右岸。最も到達しにくく、調査もしにくいエリアにある。

立ち木に目印としてピンクのビニールテープをつけたルートを辿り、尾根を登る。

このテープも進化したものだ。私がこの調査に参加するようになった頃は赤と黄色だったが、赤は日暮れになると見づらく、黄色は明るい日中には見づらい。ピンクと水色が、自然には絶対にない、目立つ色ということで採用されている（後に、より環境負荷の小さい、ピンク色の布リボンに変更された。そのため、調査前にはピンクの布をせっせと裂いてリボンを作る集団が出現する。薄いピンクは少女色、濃いピンクは悪女色と呼ばれたりしている）。

定点配置

しばらく登ったところが最初の定点、「放送局」だ。かつての台風の名残りである倒木で埋まった斜面があり、そのド真ん中である。サルはあまり出て来ないが、周囲の音がよく聞こえる場所だ。

ここは、ハゲチャに任せた。各班からの電波が届きやすい場所でもあるので、無線の中継をするという任務もある。我々が持っているトランシーバーは特定小電力無線機と言って、免許不要だが出力が小さい。尾根を間に挟んだ場合、電波が全く届かないこともしばしばだ。こういう時は、無線の聞こえる定点を中継して連絡を繋ぐ必要がある。伝言ゲームの最中に話が変わってしまわないよう、なるべく簡潔な言葉にするのがコツだ。ハゲチャは無線の免許も持っているので、交信には慣れていると期待する。

近くで「オ〜〜ワオ〜アオ〜〜」と尺八のような声がした。初めて聞いた時は虚無《こむ》僧《そう》かとビビった声である。

これはアオバト、正確にはズアカアオバトの鳴き声だ。アオバトは本州にもいる、森林性のハトだ。全身が緑色のきれいな鳥である。ズアカアオバトはごく近縁な別種で、日本では屋久島から沖縄に分布し、頭に赤味がある。ただし、日本にいる個体群は頭が赤くない。非常にややこしいが、見た目はアオバトと同じだ。本州のものはもう少しパキッとした声で、「ポーパポー」と鳴く。屋久島の奴は声がちょっと低い上、こぶしを利かせたような妙な節回しがあって、知らずに聞くと不気味である。

反射的にアオバトの姿を探しそうになったが、今は定点にたどり着くのが先だ。アオバトを諦め、さらに先に進む。

放送局のすぐ後ろのコブは餓死山（がしざん）と呼ばれている。本当の名前は我志飢死山（ガシガシやま）だ。もちろん、どちらも我々が勝手につけた名だが。

数日前、地図を広げてルートを探そうとするクマに対し、特攻隊長が「こんなのガシガシ行ったらいいんですよ！」の名言を残して一直線に突っ込んで行った（そして迷った）のが由来である。餓死山から瀬切の谷へと続く小さな尾根は、クマさんアヴェニューと呼ばれている。

次のコブは、尾根筋とサルロードの交点に当たる、重要地点だ。サルロードというのは単なる尾根筋の踏み分け道だが、サルがしばしば通るのでこう名付けた。我々も通り道にしている。

さて、定点配置はどうすべきか。辻南尾根の定点候補は3つあるので、今日の配置だと全ての定点に調査員を配置することはできない。今日、人を置くのはサルロードの起点にするか、あるいはその次の小さなピーク、調査地の最高点の一つにするか。

定点に誰を配置するかは日によって違う。班員になるべく色々な場所を経験して帰ってほしいと思うし、サルの動きによって配置をシフトすることや、定点の位置自体を動かすこともあった。一方、林道から遠い（ということは疲れるし、迷う危険も増す）定点に誰を配置するかも、やはりちょっと考えるところだ。

とはいえ、この班は「ケダモノ5班」と呼ばれている、調査隊史上最強の集団だ。誰をどこに配置しても、まず問題はないのだが。

よし、やはりケンケンにはこのあたりにいてもらおう。ここより上、狼街道付近は私がうろついて見張っていればいい。

これで配置終了だ。無線でクマと交信し、調査開始を連絡する。今日、クマは辻北側で、ケンケン山から竹の汁あたりのサルを見張る予定。定点は下からシカシカ、特攻隊長、ウッシー。

私は辻南の担当で、瀬切川よりの斜面でサルを探す予定だ。

あだ名で呼び合うワケ

昨日の夕方は、ヘソ山近くの谷の中からサルの声が聞こえた。あのあたりに留まっていたなら、今朝はその近くで発見できるかもしれない。私は一人で辻南尾根を登り、途中から谷底へ向かった。

このルートは「狼街道」と呼ばれている。私が開拓したせいだ。オオカミ好きということもあるし、伸びがちな無精髭のせいで高校時代から「狼男」のあだ名もあった。ちなみに先ほど登場した「クマさんアヴェニュー」は、もちろん副班長のクマが開拓したせいである。クマは理学部の院生で植物が専門だが、沈着冷静で頼りになる男だ。身長185センチ、体重約100キロの巨体にヒゲを蓄えた男前で、誰がどこから見てもクマである。丸顔とヒゲがちょっと教祖っぽいので、「尊師」のあだ名もある。

「こちら狼、5班、サル情報ありますか」

途中、無線で様子を聞いてみる。

「ケンケンです、サルの気配ありませんどうぞ」

「こちらハゲチャ、情報ありませんどうぞ」

「クマの方と連絡できますかどうぞ」

早速ハゲチャに中継を頼む。

「シカしかいないそうです、どうぞ」

シカシカの定点に違いない。彼女は初日に無線で「シカしかいなーい」と言った自分の駄洒落が気に入ったようで、その後も時々やらかす。彼女のあだ名は即日、シカシカになった。ウッシーと特攻隊長の報告はない。移動中で聞こえていないか、無線が届いていないようだ。

あだ名で呼び合うのは、手っ取り早く全員を覚え、かつ、チームが馴染むためのアイスブレイクみたいなものだ。ケンケンとウッシーは名前から、名人は木登りが得意なので「木登り名人」から名付けられた。コビンは去年来ていた「親びん（親分をちょっとカワイく表現したらしい）」の後輩なので「子びん」である。坊主頭のハゲチャはその流れで、全然関係ないにも拘《かか》わらず、「親びん、子びん、はげちゃびん」と命名されたのが由来。

普段はハゲチャと呼んでいる。本人は激しく嫌がっていたが、そんなものは無視された。

特攻隊長はテニスサークルの女の子で、色白で背が高くて美人なのだが、鋭い視線と妙に気《き》っ風《ぷ》のいい雰囲気が武闘派レディースっぽい。ただし本人は全く認めていないらしく、「隊長」と呼びかけても絶対に返事をしてくれない。

これが今年の5班。ケダモノ5班と呼ばれているのは、無線交信を聞いていた大竹さんが「オオカミやのクマやのシカやのウシやの、人間はおらんのかいな」と笑ったからである。キャンプから最も遠く、地形も厳しい森の中を駆け回る「野生派」だからでもある。

実際、ケンケンはタフだし、ウッシーは飯さえ食っていればとんでもなく元気、特攻隊長もテニス屋だから体力派。シカシカとハゲチャは生物系の専門学校生でフィールドに慣れている。木登り名人は華奢《きゃしゃ》に見えて実は筋肉質。コビンはおっとりして菩薩《ぼさつ》のようだが、家族と一緒に山に登っているので、これまた見かけよりはるかに強い。瀬切川右岸に突入するのに、これほど心強いメンバーもいまい。


「なんか変なものがいるー!」

狼街道からサルロードへ、ヒメヒサカキとハイノキの藪をかき分けて向かう途中、頭上で「ケ、ケケケケケケケ！」と大きな声がした。

アオゲラだ！　近い。すぐそのへんにいる。

樹上を探すと、1羽のアオゲラが幹の陰から顔を出し、こっちをしげしげと眺めている。続いてさらに「ケケケケ！」と声がして、もう1羽のアオゲラが来た。枝に止まってこっちを見下ろしている。今来た方は頭の赤色部分が小さい。これはメスだ。先に来たのはオス。ペアか。

2羽は「なんか変なものがいるー！」と言わんばかりに交互に首を伸ばしてこちらを見やり、しばらく周辺を動き回ってから、去って行った。

ま、こんなところに来る人間は、まずいないだろうし。屋久島の森の中にいると、「この土を踏んでいる人間は自分が最初ではないにしても、数えるほどしかいないのではないか」とか、「ここで死んでも誰にも見つからないまま、ただこの森に還《かえ》るだけだ」という思いにとらわれることがある。朽ちたシカの骨を見つけたりすると、尚更《なおさら》である。

サルロードの末端あたりでしばらく立ち止まった。何か気配があったと思ったのでこちらに来たのだが、谷の水音のせいか、音声が取れない。無線も通じない。ふむむ、少し登るか。

サルロードの隣の小さな尾根を少し登って、また止まる。このへんは正規のルートではないから、テープも何もない。現在位置の確認とルートファインディングは、地形図とコンパスが頼りだ。傾斜の変化から現在位置を推定する——サルロードの終点寄り、ケンケンの定点まで400メートルほど。悪くない場所だ。ここと定点の間にサルがいれば、私かケンケンのどちらかは鳴き声を耳にするはずだ。

「ホワーッ」

「ヒャーッ」

聞こえた！　少し離れている。くそ、谷底で水音にまぎれて見失っている間に距離を空けられたか！　サルロードの尾根のどこかだろうが、こちら側の斜面ではない。尾根の反対側、私より少し高い位置だ。100メートル以上先行されている。

「狼よりケンケン、現在、そちらの南東方向斜面にサルの群れがいます。何か聞こえますかどうぞ」

「こちらケンケン、まだ何も聞こえませんどうぞ」

「了解。今サルの群れを追いながら登っているのでそのうち合流しますどうぞ」

「了解です。注意しときます」

今回はいいタイミングで止まったせいでサルの声を捉えられたが、本来、サルの声はじっとしている方がよく聞こえる。自分の動く音が邪魔になるからだ。定点を置いて、ひたすら音声でサルを探す理由はそこにある。私とクマの役目は、各定点からの「この方角でサルが鳴いてます」という情報を受けてサルに追い付き、追いかけ、なんとか観察できる場所で頭数と性別・年齢構成をつきとめることだ。

つまり、定点は「生きたサルレーダー」であり、班長はレーダーの誘導を受けて現場に急行する追跡機である。サルの移動方向を見定めて定点に指示を出し、見通しの良い林道で待ち構えていてもらう、逆にちょっと動いてサルを林道に追い出してもらう、などの方法を使うこともある。

サルは尾根を登って行っているようだ。おそらく、私の動く気配を察知して、さらに南へ避けたか。だが、昨日までの感じからすると、もう少し北に向かいそうなのだが。どちらにしても、あまり追い立てると一挙に逃げてしまいかねない。

布陣を思い描き、どうするか考える。無線でケンケンとハゲチャに状況を伝え、これからおそらくサルがそっちに行く、と連絡する。

サルロードをゆっくり進んでサルにプレッシャーを与え、我々の網の中に飛び込んでもらうのが一番だろう。なんとか、サルが包囲網の中にいる間に見通しの良い場所で遭遇したいものだ。だが、ハゲチャのいる放送局にサルがのうのうと姿を見せたことはない。通るならハゲチャより北だ。そこにいるのはケンケン。彼はサルの予想進路の真ん中へんにいる。なるべく静かにして、サルに発見されずにいてほしい。

だが、このまま進むとサルはハゲチャとケンケンの間を通る恐れもある。ここを抜かれるのが一番怖い。

全方位をびっしり囲むには遊軍が足りない。よし、サルがハゲチャ側に行こうとしたら、軽く追ってケンケンの方へ向かわせよう。何事もなくケンケンの方へ行くようなら、そっと先回りして、二人がかりでサルを数えればいい。

カラス屋、獣のようにサルを追う

サルロードをなるべく足音を立てないように登り始めた。だが、そっと歩みを進めようとしても、バキッ、ドスッと荒々しい音が出る。

しまった、今年から新調した登山靴がこんなところで問題を。思いきって買った完全防水のトレッキングシューズだが、高山まで想定しているだけあって、全体的に固い。それまで履いていた軽いシューズのように、足音を殺して忍び歩くのには向いていないようだ。

わずかにサルロードを外して、ハゲチャ側から辻南尾根の稜線を目指す。これでサルがケンケンの定点に行ってくれればいいのだが。

サルの音声は尾根の両側にまたがり始めた。よし、これでいい。むしろ追いすぎて、ケンケンより高い位置で尾根を越えられても困る。ちょっと離れるくらいでちょうどいいだろうか。

尾根を外れてハゲチャのいる方に進み、主稜線に出た。一度サルの群れとの接触を断つ。そこから尾根筋のルートを移動。何度も通っている道だし、大きな尾根の上で歩きやすい、いわば幹線道路である。ここをダッシュで登って、サルの先回りだ。藪をガサガサやる必要がないので、より静かに歩くこともできる。サルが本気で逃げればもちろん人間は追い付けないが、群れが採餌しながら移動しているなら、そんなに速度は出さない。サルが進路を保ち、かつ今の速度を維持するか。これは賭けだ。

こういう時は、自分が獲物を追う獣に変容して行くのを感じる。姿勢を低くし、藪の間を走るように登って、ケンケンの定点に到着。耳を澄ましていたケンケンが人差し指を口に当て、静かにしろ、というジェスチャーを見せた。近くにサルの気配があるのだ。そっと近づいて、一緒に藪の中に座る。腹立たしいことに、この定点はハイノキの藪の中なのだ。全く見通しが利かない。

小声で「どっち？」と聞くと、彼は黙ってサルロードの真下を指差した。声はしないが、かすかな「パキッ」という音が聞こえる。「枝バキ音」と言われる、サルが地面の枯れ枝を踏む足音である。かすかにザワザワして感じられるのは、枝葉を揺らす音や、落ち葉を踏む音が重なって聞こえて来るからだろう。「気配」と呼ぶ、あの感覚である。

「クー」「クー」「クイ？」

柔らかい鼻歌のようなクーコールが何度か聞こえた。近い。すぐそのあたりだ。一瞬、「ヒャッ」というような甲高《かんだか》い声がした。

カサッとハイノキが揺れた。続けて、バサバサと動く。サルが来たのだ。

そっとノートを出して記録の準備。10メートルほど先のハイノキの中から、ヒョイとサルの顔が出て来た。そーっと、こちらを見ている。双眼鏡を向けて確認。メスだ。年齢はわからないが、コドモではない。

モグラ叩きのようにこのメスが引っ込むと、別の一頭が顔を出す。尻が見えたので年齢がわかった。5、6歳といったところだ。

「行き当たりばったりでも仕方ないから二人で数えよう」とケンケンに囁き、出て来たサルをとにかく記述する。何頭もがてんでに顔を出すので、全体の頭数がよくわからない。見えている範囲に4……5……いやもっといる。今、顔を出したのは多分さっきも見た奴だ。左の方にいるのは若い雄のようだから、これは数えていない。

しばらく見ているうちに、サルの音声が次第に稜線を越えて移動し始めた。サルロードを通って辻南尾根の稜線を越え、辻北尾根方面の谷間へと下りようとしているのだ。辻南と辻北の間の谷間は未知数だ。しかも、うっかり入り込むと完全に道に迷う恐れもあって、ちょっと怖い。なんにしても、今すぐ動いてもサルを追い散らしてしまうばかりだ。辻北にいるクマたちに連絡を取り、こちらはしばらく休憩していよう。

「ケンケン、何頭いた？」

「わかんないです。数えたのは5頭ですけど、ダブってるのがいそうで」

「こっちもまあそんなもんかなー。全体はもっと多いかもしれんけど」

「でも、あんまり多い感じしませんでしたね」

「確かに。いても10頭かそこらなような」

そうなのだ。追っている途中から薄々感じていたのだが、この群れは小さい。

だが、10頭程度というのは、この付近の集団として小さすぎる。それに、群れの出現の仕方や、夕方の泊まり場への移動が、ちょっと腑《ふ》に落ちないところがある。２群が、クーコールより大きな声で鳴き合いながら、隣り合った尾根を平行に移動しているようにしか思えない場合があった。20～30頭の群れが、ルーズに分裂して動いていると見なせば納得できるのだ。しかし、その証拠もない。それに、そんな動き方をされていたらカウントなんか到底できない。困った。

班長はつらいよ

とにかく腹が減った。水を飲み、デイパックからバンダナに包んで縛ったコッヘルを取り出す。中身は白飯とふりかけだ。箸《はし》を出して、半分食べる。一気に食べると後の楽しみがなくなってしまう。この後まだ何時間も調査は続き、当然、空腹にも悩まされるのである。

移動距離の長い班長役は腹が減るが、動き回れるぶん、じっと動けないよりも楽しみはある。一方で、休めないという悩みもある。常に定点全体に目を配り、隣の班とも連繫《れんけい》し、サルの行動を予測して追跡し、待ち伏せをかけなくてはならない。定点がヒマすぎないよう、時々巡回して話をするのも仕事のうちだし、全員の安全や士気にも気をつける。キャンプに帰ってからも班長間の打合せをしたりすると、寝るのも遅くなる。といって一人で山の中で寝ていると寝過ごす危険があるので、もし昼寝をするなら、定点に行って「5分経ったら起こしてくれ」とでも言うしかない。

ともあれ、この群れのデータはいくらか集まった。この視程の悪い山中で出会えたのは奇跡だ。

その後、谷間に去ったサルは気配を消してしまった。ウッシーとクマからは辻北尾根の上の方でサルの声がするという連絡が来たが、どうもこれは違う群れのようだ。午後遅くなってヘソ山付近で声がするのをケンケンと私が聞いたが、こちらの正体はつかめなかった。他の班は聞いておらず、位置確認もできない。群れに属していないヒトリザルかもしれなかった。

午後4時、撤収だ。ヘソ山のふもとから狼街道を登り、ケンケンと合流。二人で「今日のサルはどこへ消えたのかねえ」と話しつつ尾根を下り、ハゲチャの定点で彼と合流。こうやって順次、合流しつつ下山すれば、今日の調査は終了だ。よし、ちょうどいいペース。瀬切川に5時頃着、キャンプに戻ったら5時半にはなっていない、というところだろう。

瀬切川で、汗だくになった顔を洗う。本当はもう飛び込んでしまいたいが、まあ、そうもいくまい。

ついでに川の水をすくって、口にする。瀬切川の水は屋久島で一、二を争う、おいしい水だと思う。白谷雲水峡とどっちが上かは、まだ決めかねている。

林道に上がったところで靴を脱いで、ヒルがついていないかチェックした。ヤマビルに吸い付かれていても気付かないことが多いので、放っておくと連れて帰ってしまう。靴の中はおろか、靴下を脱いだら足に吸い付いていた、なんてこともある。私はなぜかあまりヤマビルにやられないが、数日前はケンケンの右足に2匹、左足に3匹なんてこともあった。血を吸われてもあまり実害はないのだが、とにかく気色悪いのと、服が血まみれにされるのが難点である。キャンプに持ち帰らないよう——最悪なのはテントに持ち込んでしまった場合だ——ここでチェックしておく。

幸い、今日は誰も連れて来なかったようだ。やっているうちに、辻北尾根に行ったクマたちも林道を歩いて来た。

「お疲れさまですー」

「サル出た？」

「全然あきませんわ」

クマがぼやく。どうやら、向こうは目視まではいかなかったらしい。

「腹減ったっス」

ウッシーがぼそっと呟く。確かに腹が減った。今日の晩飯はなんだろう。

林道の先に、ブルーシートで屋根を張ったベースキャンプが見えて来た。

第9章

実録！　木津川24時

カラス屋、昆虫を捕まえる

2001年、6月。朝5時30分。始発電車に乗って、近鉄・新田辺《しんたなべ》駅に到着する。背中には大型ザック。その中に、さらにデイパック。デイパックに常に放り込んである双眼鏡と、調査用に持って来た一眼レフ。その他の道具もろもろ。そして何より、2リットルのペットボトル3本がズシリと重い。

駅から最寄りの調査地である「木津川《きづがわ》12番砂州」までは、歩いて15分ほどだ。どうやら毎年アオバズクが繁殖しているらしいお屋敷の前を通りすぎて、木津川の堤防へ。堤防の脇にある物置小屋に入る。かさばる調査道具はこの中だ。

工具箱に入れた調査グッズ。紙コップ50個。スコップ。アルコール。スクリューバイアル(ネジ蓋付きの標本瓶)。ピンセット。小型テント。望遠鏡。三脚。脚立は……今日は無理だ。荷物を全て詰め込んだザックを、えいやっと背負う。さすが最大80リットルの容量を誇る巨大ザックは、これだけのグッズをなんとか呑み込んでくれた。だがパンパンだ。重さもかなりある。

折り畳み自転車を出し、堤防の上のサイクリングロードに運ぶ。自転車にまたがり、ペダルを踏む足も軽く……と言いたいが、重い。踏み出しが非常に重い。担いだザックのぶん、20キロ以上も増えていれば、当然そうなる。

だが、急がなければ。

サイクリングロードを疾走し、3キロ先の別の調査地、「15番砂州」に到着。砂地の奥まで自転車を乗り入れる。途中で砂が深くなるので自転車を押して歩く。いつもの観察ポイントに自転車を置き、荷物を放り出す。今日は1回で済んだからまだマシだ。荷物が多い時は、もう1往復することもある。

紙コップとアルコールとスコップを袋に入れて、砂州の上を移動。メジャーを出して、水際から2メートルの場所に棒を立てる。この棒が、「ここからトラップが始まりますよ」という目印だ。

スコップで穴を掘り、紙コップを穴にぴったり入れて、周りをきちんと砂で埋め戻す。これはピットフォールトラップ、砂の上を歩いて来た昆虫が、そのままストンと落ちるための仕掛けである。ちゃんとコップを縁の高さまで砂に埋めるのがポイントだ。コップの縁がたとえ数ミリでも突き出していると、小さな昆虫にとっては「壁」になってしまい、落とし穴に落ちてくれない。

埋め込んだら、中に70パーセントのアルコールを少量入れ、1メートル離して次の紙コップを埋める。このトラップは一列20個だ。

鳥の研究者がなにゆえ昆虫を捕まえるのか？ それは、ここで調査しているチドリの餌が昆虫だからである。どういう餌がどんな分布をしているのか、チドリの行動は餌の分布とどんな関連があるのか、そのバックグラウンドを含めて知りたいのだ。この調査は大きな研究グループで行っているので、昆虫班に頼んでもいいのだが、彼らは彼らで研究テーマがある。だから、やり方だけ教わって自分でやることにした。もっとも、採集した昆虫の同定は専門の先生に頼むしかない。

ウンコ拾いのために来たのだ

時計を見る。6時15分。さっさとやらなければ。

日が昇って暑くなり始めた砂州にしゃがみ込み、黙々とトラップを仕掛ける。水際の列を仕掛け終わったら、荷物を持って内陸へ移動。水際から20メートルのところで、再び同じことをやる。距離は測歩だ。私の足のサイズは26・5センチ。二つで50センチ強。

終了したのは7時過ぎだった。この調査は日中の昆虫相と、夜間の昆虫相の比較を目的としている。19時になったら日中のサンプルを回収し、トラップを設置し直す。明日の朝7時に夜のサンプルを回収だ。19時に回収と仕掛け直しを済ませて家に帰り、明日の朝7時にまた来るという手もあるし、そうする日もあるが、今日は違う。チドリの夜間採餌の観察も行いたいので、明日の朝7時まで、ざっと25時間余り滞在する予定だ。

川の向かい側は国道、こっち側の堤防の向こうは水田。2キロほど戻るとホームセンターがあり、2キロほど先にはコンビニがある。決して人跡未踏な場所ではないのだが、周囲2キロ以内には、水も食べ物も調達できる場所がない。ここは京田辺《きょうたなべ》市、れっきとした「市」の中で、国道と鉄道2本に挟まれた場所なのに、私は孤立している。しかも日中の気温は30度を超え、砂州の表面温度は60度近くになる。一番近い日陰は、自分の影だ。残念ながら、ここに入るわけにはいかない。ま、ちょっとしたサバイバルである。

チョコチップスナックパンを取り出し、缶コーヒーと一緒に朝飯にする。気温はじりじりと上がり続けている。デイパックにつけた小さな温度計は30度を超える温度を表示しているが、これは気温ではない。直射日光に当たっていれば当然だ。

今日の調査のメインは、糞拾い。書き間違いではない。ウンコ拾いである。チドリが何を食べているか知るために、糞を拾うという作業だ。拾った糞は研究室に持ち帰って分析する。

水際を歩けば、あちこちに小鳥の糞が落ちている。だが、「チドリの」食べているものを調べるとなると、チドリの糞だとわかっているものしか拾ってはいけない。まずいことに、この川にはチドリだけでも3種類いるし、イソシギもいる。セキレイも3種類いる。ホオジロやカワラヒワが水浴びしていることもあるから、そういった小鳥も、水浴びのついでに糞を残して行くことはあるだろう。

では、どうやって誰の糞か確かめるのか？　簡単だ。1羽のチドリを、糞をするまで、ずっと見ていればいい。実にシンプルで、間違いようがない。

ただ、糞をするのは、だいたい2時間に1回である。

望遠鏡にコチドリを捉え、じっと見る。もちろん糞拾いだけではもったいないので、この個体の採餌範囲も見るつもりだ。地図のコピーを挟んだクリップボードを出し、汀線《ていせん》のどこまでを利用したか、ペンでプロットしてゆく……。

ダメだ、眠い！　夕べは遅かったし今朝は早かった。だが寝てはいけない。一瞬でもウトウトしたその瞬間に糞をされたら、この観察はパァなのだ。ゴールデンバットを1本吸ってなんとかその刺激で目を開け続ける。コーヒーがぶ飲みはダメだ。トイレに行くヒマもないからである。

寝るなよお前は！

チドリは忙しくトトト、トトト、と小走りに動き回る。その間に、頭を下げて餌をついばんでいるのが見える。立ち止まって足下を見てから「えい、えい」とつつく時と、離れた場所にタタタッと走り寄って地面をつつく時がある。時々、嘴を差し込んで探るような行動も見せる。これも分けて記録しておくと、採餌行動の違いがわかるかもしれない。だが、今日は全部同時にデータを取るのは無理だ。

いかん、また眠くなってきた。昔のパイロットがやったという、舌先で上あごの裏をくすぐる、という技を試してみる。なるほど、くすぐったいのと、舌を動かすのでちょっと目が覚める。独り言や歌というのも手だが、知らないうちに近くに人が来ていたりすると、非常に気まずい。

チドリは少し内陸側に入り込むと、石の間で立ち止まった。望遠鏡で見ているので、顔もよく見える。鮮やかな黄色のアイリングに縁取られた、アーモンド形の真っ黒な目が、ゆっくりと細められてゆく。私の見ている前で、コチドリは目を閉じた。

寝るなよお前は！

残念だが、私の心の叫びは通じなかった。こうなると方法は二つ。一つは我慢して、こいつが起きて動き出すまで、ひたすら寝顔を見ている。もう一つは、起きている奴を探してターゲットを切り替える。

腕時計を見ると、既に観察時間は1時間を超えている。仮に観察を開始する直前に糞をしていたとしても、平均的な間隔で言えば、そろそろ糞をしてもおかしくない。よし、こいつを見ていよう。

幸いにして、チドリは5分ほどで目を開けて立ち上がった。いや、目を閉じていたといっても、両目を閉じて熟睡していたとは限らない。鳥は片目ずつ閉じて脳を半分休ませる、なんて器用なこともやる。右脳と左脳の分断が著しいため、例えば右目を閉じると左脳への視覚刺激がほぼ遮断されるからだ。それに、外敵の多い小鳥が落ち着いて寝続けることはない。仮に両目を閉じたとしても、数分に一度は目を開けて周囲を確かめる。

立ち上がったチドリは翼を広げてストレッチし、水際に行ってトトトト、と歩くと、ちょっと尻を突き出すようにして、プリッと糞をした。

やった！

望遠鏡をロック。対岸に消波ブロックの切れ目が見える、この角度だ。工具箱から糞採集キットを取り出す。小さなタッパーに10センチ角ほどに切ったアルミホイルと、小さなシールパックが入れてある。あと、忘れちゃいけないピンセット。

チドリが糞を落としたあたりに行って、しゃがみ込んで地面を探す。これは糞じゃない。これも違う。これは糞だが、古いからさっきのじゃない。よしこれだ！　濡れた砂の上の、直径2センチほどの白いしみ。真ん中には黒い不消化物がある。さんざん苦労したのに「中身」がない場合もあるのだ。最悪なのは、水の上に落とされる場合だ。そのまま流れて行ってしまう。

ピンセットで糞をすくい取り、アルミホイルに載せて、きちんと包み込む。油性マジックで日付と時刻、砂州の番号、チドリの種類を書き込む。こうやっておかないと、いつのなんの糞だかわからなくなってしまう。

これをシールパックに入れ、それに日付や種名などの情報を書いて、タッパーに収めた。よし、サンプル1個ゲットだ。

……サンプル、いっこ。

なんのために糞を集めるのか?

ちょっと気が遠くなった。だが、仕方ない。今日の調査は全て連動しているのだ。

まず、チドリの糞から、「チドリが何を食べているか」を調べる。続いて、砂州に仕掛けたトラップで「砂州にはどんな昆虫が、どれくらいいるか」を調べる。「昼と夜で昆虫に差があるか」も調べる。水際の水生生物は今日は調査しないが、来週に人手を増やして調査予定だ。さらに、チドリがどの範囲を使い、どうやって餌を取っているかを調べる。そして、チドリが夜も餌を取っているかどうか調べる。

全部がうまくいけば、「砂州にはこんな生物がいます。水辺にはこういうの、内陸にはこういうのがいて、昼と夜ではこう違います」という背景がわかり、「その中でチドリはこのように採餌しています。汀線での採餌がメインですが内陸でも食べていることがあり、夜間も活発に採餌しています」と言えて、さらに「糞分析の結果はこうでしたので、チドリが実際に食べているものは、行動観察の結果とよく一致しました」あるいは「行動だけではわかりませんでしたが、餌品目にはこのような特徴が見られました」なんて言えるはずである。

さらには昆虫から鳥類へのエネルギーフローがざっくりと計算できて、それが理論的な予測と一致する——まあ、完全に一致しなくても、1桁はズレない程度の精度にまで持って行ければ素晴らしい。河川環境を横断的に、生態学から行動学まで連繫しながら理解しようという調査プロジェクトの一部だからだ。

問題があるとすれば、そのためにはここで、24時間の調査に耐えなきゃならないこと、そして、やったからって結果が出るという保証はないことである。

化学的にも生物学的にもNG

本格的に暑くなって来た。時間と残量を見比べながら水を飲む。このペースを守っている限り、なんとか余裕はある。だが万が一不足するようなことがあれば、自転車でホームセンターまで走って水を買わなければならない。その間、調査を中断するのが惜しい。

一度だけ、完全に勘違いして、必要量の半分しか水を持たずに調査に来たことがある。あの時は途中で気付いてケチケチ飲んでいたが、だんだん汗も出なくなり、頭がボーッとして足に力が入らなくなった。完全に熱中症である。腹立たしいことに、目の前には毎秒十数トンの水が流れる川があるのに。

だが、見た目に汚濁していないとはいえ、この水をそのまま飲んでいいかどうかは別だ。

周囲は農地と市街地だし、上流にはそこそこ大きな町もあるから、何が流れ込んでいるかわかったものではない。水質を調査した班が「化学的にも生物学的にも、そのままでは飲まない方がいい」と断言したくらいだ。まあ、そのへんの子供たちが水遊びしても問題ないレベルではあるが、「遊んでいて口に入ることがある」のと「飲料用としてゴクゴク飲む」のとではわけが違う。

せめて水をすくって腕にかけたり、濡らしたバンダナを頭に載せて冷やしたり、濡れタオルを首にかけたり、飲まずに冷やす工夫をした。だが、午後3時過ぎに、喉が灼《や》けるようにカラカラになって、ついに肚《はら》をくくった。ここで熱中症や脱水で倒れたら即死だ。水を飲んで腹を壊すとしてもしばらく時間差はあるし、いきなり死ぬこともあるまい。私はなるべく淀《よど》んでいなそうな場所を選んで、水をすくって飲んだ。

口に含んだ途端、なるほど、浄水処理された飲める水ってのは超絶ハイグレードなんだな、と実感できた。だが、これはもはや薬と思うしかない。私は生温《なまぬる》くて生臭い水を飲み下した。幸い、熱中症でぶっ倒れもせず、腹を壊して寝込みもしなかった。だが、あれ以来、水の量にはより注意を払うようになった。

大雨、真面目なイモムシ君

糞は順調に拾えた。既に2個だ。タイミングが悪かったり運が悪かったりすると、一日やって一つも拾えないことだってある。

昼飯はカロリーメイト。おやつは朝の残りのチョコチップスナックパンだ。この暑さではチョコチップというよりチョコレートクリームがところどころに入ったパンになっていると思うが、それは別にいい。カロリーメイトと共に、視線をあまり手元に落とさずに食べることができるという利点がある。しかも、甘い系のものは精神を安定させる。「もうヤだ」と思いそうな時には重要な点だ。

小鳥が鳴き止《や》んだので空を見渡す。オオタカが出たかと思ったが、遠くにトビがいるだけだ。と、北の方の空が真っ暗になっているのに気付いた。これは、まずい。地形の関係なのか、こういう暗雲が出た時は、天候が急変する。しかもヤバい方に。

空が薄暗くなったと思うと、ものすごい強風が吹き始めた。砂が吹き飛ばされて来る。風に背を向けたまま、荷物をかき集めてデイパックに突っ込み、さらにデイパックをメインの大型ザックに押し込み、急いでレインカバーを被せた。データシートと双眼鏡とカメラはザックにねじ込み、三脚に載った望遠鏡にはコンビニのレジ袋を被せて防水する。自分もカッパを取り出して準備しておく。気温が急降下。この、ダウンバーストみたいな冷たい風は、確実に雨を連れて来る。

15分後、砂漠のようにカラッカラだった砂州に、ポツッと雨粒が落ちた。ポツ、ポツ、ポツ、ポツポツポツポツポポポポ……とアップテンポに地面を叩くと、瞬時に土砂降りが襲って来た。カッパを着ているにしても、何もないところで突っ立っていたくはない。それに、落雷だってある。考えてみたら自分の横に立っている三脚はアルミ製、大変よく電気を通すはずだ。それが、真っ平らな砂州の上に立っている。あまり嬉しくない。

せめて木陰に入りたいが、このあたりには適当な木がない。ああ……あると言えばある。高さ1・5メートルほどの、小さなヤナギの茂みだ。ちょうどドーム状に茂っていて、中に空間がある。「先づ頼む椎の木も有り夏木立」(芭蕉)というほど茂ってはいないが、ま、何もないよりマシか。

私はこの中に背中を丸めて潜り込み、枝葉の間から容赦なくボタボタ垂れて来る雨粒に全身を叩かれながら、膝を抱えて座った。目の前の葉っぱにイモムシ君がいて、葉っぱを端からショリショリショリショリショリ……と食べている。彼が右から左へ齧《かじ》った後は3ミリずつ葉っぱが減る。そうやって端っこまで食べると、今度は左から右へ3ミリずつ葉っぱを削って行く。プリンターの印刷ヘッドを見ているような、非常に機械的な動きだ。とうとう葉っぱがなくなってしまうと、隣の葉っぱに移り、また端からショリショリショリショリ……と食べる。

こいつ、真面目だなあ。

幸い、この大雨はすぐに上がり、20分ほどで日が差して来た。よし、調査再開だ。ピットフォールトラップが水浸しにならないか心配したが、この程度なら無事だったようだ。アルコールが多少、水割りになってしまったが……。

昼間はさすがにあまり虫がかかっていない。アリと、ハネカクシが少々。たまにクモが落ちている。あと数時間、このトラップは放置だ。

キツネとの遭遇

18時30分。

トラップを夜用に入れ替える。サンプル瓶にトラップの中身を全て移し替えた。見た目に何もいないように見えても、何かいるかもしれない。トラップに落ちる昆虫の中には、トビムシ類など、非常に小さなものもいるからである。

使い古しの紙コップをゴミ袋にまとめ、抜いた穴に新しい紙コップを差し、蓋を被せてから砂を寄せてならし、蓋を取り、アルコールを注ぐ。立ち上がって次のトラップに行こうとした瞬間、クラッと世界が揺れた。立ちくらみとは、さすがにちょっと疲れたか。あるいは……脱水で血液の粘度が上がり、立ち上がった瞬間に頭まで血が行かなかったか？

残照の中でなんとか作業を終えようとしてふと顔を上げると、砂州の上に何かがいた。夕日に照らされて赤い。だが、もともと黄色っぽい毛並みのようだ。ほんの10メートルほど先だろうか。スラリとした犬のようなシルエット、太い尾。双眼鏡を向けると、ネコのように鋭い目と、口の脇から覗く長い牙も確認できた。間違いない。

「何してるんだこいつは？」と言いたそうな顔でこっちを見ていたキツネは、ヒョイと頭を下げると、トットットッと足早に立ち去って行った。

イタチ、テン、タヌキ、ウサギ、ヌートリア、ハタネズミ、カヤネズミ、アブラコウモリ（多分）に加え、キツネ。この調査地で確認した野生哺乳類は9種か。

トラップを仕掛け終える。ヘッドライトの灯りを頼りに、荷物を置いた場所に戻った。注意しなくてはいけないのは、チドリの巣を踏むことだ。チドリの巣は地面にあり、卵は小石そっくりである。日中でも気付かないのだから、この暗さでは絶対に見えない。昼間の調査でこのあたりに巣は見つからなかったから、まあ大丈夫とは思うが、「道」と決めたところを歩くように注意する。自分が踏んづける面積はなるべく少ない方が安全だ。

砂州の端、自転車を置いて荷物を広げた場所が、今夜のキャンプだ。この気温なら別にテントはいらないだろう。このくらい藪から離れれば、ヤブカもあまりいない。

いつだったか藪の近くにテントを張った時はひどい目にあった。うっかり1時間ほど閉め忘れたテントの中にヤブカが入ってしまい、一晩中刺され続けたのである。翌朝数えてみたら、両足に100ヶ所余りの虫刺され跡があった。のみならず、足全体が熱を持って腫《は》れ気味になり、靴紐を緩めないと、いつものスニーカーが履けなかった。

今日は藪から少し離れているし、風もある。そんなひどい目にはあわずに済むだろう。

海賊はなぜアイパッチをするのか

晩飯は食パンとコンビーフとチーズ。コンビーフをキコキコ開け、ナイフで削り取ってパンに載せ、サンドイッチにする。お茶を沸かすための、登山用ガスストーブの青い炎が揺らぐ。だが、暗視視力を妨げないよう、あまり火を見つめるわけにはいかない。

夜間観察はいかに目を闇に慣らすかがキモだ。目が暗順応するには早くて数十分。それどころか完全に順応するには2時間かかると、知り合いの自衛隊員に聞いたことがある。だが、うっかり灯りを見てしまったら「昼間モード」に戻るのは一瞬だ。本当なら、片目を塞いで、光が入らないようにすべきだ。そういえば昔の海賊船長がアイパッチをしているのは、片目を常に暗順応させておくためだったらしい。完全に闇に慣れた目はバカにできない。安物の暗視スコープに匹敵するくらいの性能がある。

暗闇で目を凝らしていると、視野の真ん中へんがボンヤリ、ドンヨリしていて、対象を見ようとすればするほど、見えなくなるのに気付く。人間の網膜の中心付近は視細胞の密度が高く、はっきりとモノが見えるが、暗がりに弱い。中心付近は錐体《すいたい》細胞、つまり「色がわかるが、光が強くないと作動しない」視細胞が多いからだ。しかも網膜の中心付近には盲点があり、ここは視細胞がないから、何も見えない。普段、盲点の存在を意識しなくて済むのは、無意識のうちに情報を統合して欠落部分を埋め合わせているからだ。普段我々が「見ている」のは、脳内で加工されて統合された、合成パノラマ写真みたいなものである。

我々は見たいものを視野の中心に捉えるが、中心部は暗視能力が劣るので、見ようとした途端に闇に溶けて見えなくなる。こういう時はわざと視線をそらし、視野の周辺部でチラチラと見るのがコツだ。昔読んだ『忍者のひみつ』か何かで知ったテクニックだが、非常に役立つ。

よし、夜間調査の時間だ。立ち上がって、汀線に近づく。今日は夜間双眼鏡を持って来ている。といってもいわゆる暗視スコープではなく、単に口径のデカい双眼鏡である。レンズの口径が大きいほど、そして倍率が低いほど、視野は明るくなる。7×50（7倍で口径50ミリ）は夜間双眼鏡として申し分ない。問題は、大きくて重いことだ。重量は1・3キロもある。

土手のように盛り上がった箇所の陰に体を潜め、土手の上に肘をついて、双眼鏡を構えた。汀線は30メートルほど先だ。川面《かわも》の小波がチラチラと光って見える。その手前に砂州の地面が黒っぽく見えている。双眼鏡を動かして行くと、川面に対して黒いシルエットが動いたのが見えた。いた！　チドリだ。種類までは定かでないが、横目で目を凝らすと、なんとなく模様が見える。おそらくコチドリだろう。チドリは昼間と同じように、走っては地面をつついている。ふむ、今日くらい月の明るい夜なら、採餌の観察さえできそうだ。ノートを出して、記録をつけ始める。

だが、10分ほど見ているとひどく目が疲れて来た。やはり暗い中で目を凝らしているのは、かなりの負担になるようだ。しばらく双眼鏡から目を外し、目玉を上下左右にぐりぐり動かして体操させる。

汀線を一わたり見回ってから、テントに戻る。30分ほど休憩だ。いつだったか、タマシギの声が聞こえたことがあったが、今夜は鳴かない。せめてヒクイナの声でも確認できないものか。

夜が明けた。夕べは一晩じゅう、1時間おきにチドリを観察していたので、ほぼ寝ていない。頭がどんよりと重く、目の奥が痛い。だが、データはずいぶん取れた。

6時半、装備を片付ける。6時45分になったらピットフォールトラップの回収開始。手にサンプル瓶の袋とゴミ袋を下げ、ふらふらと砂州を歩いてトラップに向かう。あ、夕べのキツネの足跡を確認しよう。7時過ぎ、トラップを回収。砂州にゴミが残っていないのを確認して、荷物をパッキングし、ザックを背負う。自転車を押して、堤防道路へ。

さあ、これから物置小屋に行き、荷物を片付け、サンプルとデータを持って大学に行って……。

さすがに、その後は帰って寝てもいいっスか？

第10章　青くはなかったが美しきドナウ

カラス屋、国際動物行動学会へ

2005年のこと。無事に博士号を取得して、ちっとは「研究者」という顔ができるようになったこともあり、ハンガリーで開催された国際動物行動学会（IEC）に参加した。実はこれが初の国際学会への参加で、それどころか初の海外旅行だったのだから、私も大《たい》概《がい》、世界が狭い。

参加するだけではバカらしいので、もちろん、発表もする。だが、聴衆を前に英語でペラペラしゃべる自信は全くないので、ポスター発表にした。日本動物行動学会はポスターセッションが基本なので、その方が慣れているというのも理由だ。

さて、そのためには海外旅行である。右も左もわからない。そこで研究室で隣の席だったモッチーと一緒に行くことにした。彼は彼で、私が多少はドイツ語を知っていることを期待していたらしい。観光ガイドなど読んでみると、ハンガリーは英語があまり通じず、むしろドイツ語の方が通じる、とあるからだ。確かに、私は大学で第二外国語としてドイツ語を履修《りしゅう》した。ほぼ完全に忘れているが。

ブダペストはハンガリーの首都だ。街の真ん中をドナウ川が流れ、川の西側の地区が

「ブダ」、東側の地区が「ペシュト」で二つ合わせてブダペスト（マジャール語の発音だとブダペシュト）である。ヤン坊マー坊の天気予報みたいだが、本当のことだ。

さて、日本からハンガリーへの直行便がなかったので、研究室の人たちは様々な経路でブダペスト入りした。優雅にエールフランスでパリを経由したり、ロンドンを経由したり。私とモッチーはウィーン経由にした。というのも、ウィーンからブダペストまで、列車で行けるからである。夏の東欧で「世界の車窓から」ごっこだ。他にも長距離バスとドナウ川の定期船という方法があったのだが、バスは現地語ができないと辛そうなのでちょっと遠慮した。船もかなり魅力的だったが、渇水や増水で運航を中止することもあると知り、心配になってやめた（行ってみたらドナウは氾濫《はんらん》寸前まで増水しており、やめて正解だったろう）。

さて、関西国際空港から深夜便のエミレーツ航空に乗り、まずはドバイへ。海外便の飛行機も初めてだ。だが、距離が遠いだけで国内便と変わるまい。

と思っていたら、CAさんが多国籍なことに気付いた。当たり前か。あと、メニューが豪華だ。酒もいろいろある。基本、英語で書かれたインストラクションを眺めていると、横から「What would you like to drink?」と聞かれた。たまたま英語を読んでいたので、無意識に「I'd like to have coffee, please」と答えてから、「待て、今のアクセントは日本人だったんじゃないか」と気付いた。だが時既に遅し。どう見ても日本人のCAさんは以後、フライト中全て、私に英語で話しかけてきた。まあいい、練習だ。

だが、納得いかないのは、私に英語で声をかけた後、隣のモッチーには日本語で話しかけていたことである。俺、何人に見えるんだろ？

ドバイまでは11時間ほどかかるが、地球の自転を追いかけながら飛んでいるので、到着しても時計の上ではあまり時間が変わっていない。機内はなかなか快適である。

シートバックのモニターをフライト情報にして現在位置などを眺めていたら、時々、妙なものが表示されることに気付いた。黒い直方体が表示され、飛行機マークに重ねて矢印が出るのだ。矢印は斜めを向いているから、別に飛行方向ではない。風向き表示……それも乗客に見せるのは妙だ。しばらく考えてから、これはメッカ（イスラム教の聖地）の方角を示しているのだと気付いた。機内で祈りたい人はそちらを向くのだろう。黒い直方体はメッカのカーバ神殿のアイコンだったわけだ。

ドバイに到着し、空港ロビーに行こうとすると、通路の途中に厳重なセキュリティチェックがあった。ここの磁気検査はひどく厳しく、ペン一本、ベルトのバックルでもひっかかる上、怪しいものは全て外してX線を通すよう指示される。私は靴のハトメがいけなかったのか、靴も脱げと言われた。めんどくせえな、と思ったが、目の前に巨漢のセキュリティポリスが仏頂面で腕を組んで仁王立ちしており、あまつさえ右手をこれ見よがしに腰に下げた拳銃のあたりにやったりしているので、ごく大人しく指示に従うことにした。とはいえ、ベルトを抜かれてずり落ちそうなジーンズを押さえつつ、靴を脱いで通路を歩かされるのは、なんとなく刑務所的で嫌なものである。

巨大なカフェラテ

さて、たどり着いたロビーは、なんというか、キンキラキンなショッピングモールとしか言いようがなかった。ある意味、アラビアンナイト的ではある。2階層ぶち抜きで物凄い数の商店が並び、アトリウムにはスーク（市場）みたいなものまである。フロアにはジャガーとポルシェがデンと置かれ、「ポイントを貯めて豪華なクルマを当てよう！」と書いてある。買い物してポイントを貯めると抽選に応募できる仕掛けだ。もっとも、ジャガーの抽選に応募できるほどポイントを貯めるまで買い物したら、その代金で中古車の1台くらいは買えそうであった。もう一つ言えば、ドバイでジャガーが当たっても、家まで乗って帰るのは大変だ。いやまあ、あれは「見本」であって実際には居住地域のディーラーから届くのだろうが、仮にこの場でホイと渡されたとしても、「よきにはからえ」と言えば誰かがなんとかしてくれるような大富豪もうじゃうじゃいそうな、そんな空港である。

とにかく疲れたのでモッチーと手近なカフェに座り、ドルで支払えるのを確認してカフェラテをくれと頼む。ドルは知り合いの方が「チップに便利やからいつも用意してたんやけど、もう海外に行くこともないから」と1ドル札を一束くれたのを持っていた。

あたりをぼーっと眺めていると、目の前にドンとカップが置かれた。確かにカフェラテだが……なんだこの巨大なマグカップは？　直径12センチ、高さは20センチ近くある。何かの間違いかと思ったが、これがレギュラーサイズなのだ。ついでに改めて勘定書を見て軽く血の気が引いた。これ一杯で800円超？　普段の昼飯4回ぶんだと？　ふざけんな。もうドバイで買い物なんぞするものか。

ドバイでのトランジットは約8時間あった。周囲はアラブ系、アフリカ系、インド系の家族連れでいっぱいだ。家族旅行だったり、里帰りだったりするらしく、ちょっとした民族大移動である。ベンチにお父さんとお爺ちゃんが座り、その周りにカラフルな布を広げてお母さんとお婆ちゃんと子供たちが座ったり寝転んだりしている。もはや自分の家状態。しかも、それが普通。なんだろう、この大金持ちと庶民感覚が同居している感じは。

結局、ここで買ったのはマーケットの一番端っこにある小さなコンビニの、しかも現地で生産しているミネラルウォーター1本だった。値段は100円ほど。1ドル札で払ったら、アラビア文字の書かれた小さなコインをお釣りに渡してくれた。

翌朝のフライトでウィーンへ。朝のアラビア半島の上を飛ぶ飛行機の下は、一面の砂漠だ。だが、そこに幾何学的な緑色の円形がいくつも見える。おそらく、灌漑《かんがい》された緑地だ。散水パイプを回転させて水をまく結果、緑地がきっちりした円形になるのだろう。

乗っていると機内食が出る。機内食はまずいとか聞くが、少なくともエミレーツはなかなかイケる。日本便もうまかったが、ドバイからのフライトではパンとチーズがさらにうまかった。メニューはクロワッサン、バター、チーズ、ジャムにカットフルーツにオレンジジュース、とコンチネンタルスタイル。関空発の便の食事はおそらく日本製だが、ドバイ発の便ならば外国製だろう。そういえば日本―ドバイ便の朝飯にはソーセージがついていたが、パッケージには「このソーセージはハラール認証を受けた牛肉なのでムスリムにも食べられる」と書いてあった。こういう小さなところに、味や気候風土や文化の違いは見えるのだなあと感心する。だが、ヒンズー教徒はどうするのだろう?

それはそうと、時間ごとに食事を出してくれるのは律儀ではあるが、座っているだけなので腹が減らない。個包装されたクラッカーやチーズはデイパックに放り込んで、後々のおやつにしよう。

ウィーンでロストバゲージ

ドバイから6時間ほどで、飛行機はウィーン国際空港に着陸した。

オーストリアへの入国は呆れるほど簡単で、にこやかだった。日本を出る時にロボットのような係官にじろじろと見られたのとは大違いだ（私情を挟まず厳格に仕事しておられるのはわかるのだが）。入国審査の列は二つあったのだが、隣の列が妙に手間取っていると思ったら、東南アジアや西アジアからの入国を慎重に調べているらしかった。この頃から既に移民問題は始まっていたのだろう。

さて、荷物をピックアップするために並ぶ。なかなか来ないと思っていたら、10分以上経ってからターンテーブルが動き始めた。だが荷物が少ない。少なすぎる。しばらく待っていたらモッチーのスーツケースと、私のザックが来た。だが、重要な荷物が来ない。発表用のポスターを入れたポスターケースが！　あの中には先輩に「ついでに入れて行ってくれ」と頼まれたポスターも含め、4人ぶんの発表資料が入っているのだ。

いつまで待っていてもポスターは来ない。周りがざわつき始めているのは、彼らの荷物も来ないからだ。下手するとドバイで積み忘れということもあり得る。

インフォメーションに行って聞いてみると「あっちに受付があるからそこへ行け」と指示された。だだっ広い空港内を足早に歩いて窓口に行ってみると、そこは長蛇の列だった。うわあ、みんな文句を言いに来たんだ。

前の方にはトルコ人らしい家族連れがいて、若い女性が顔を覆って泣いている。お父さんと係員とのやり取りを聞いていると、結婚式のために来たのに花嫁衣装を含めた荷物が行方不明だという。それは大変だ。だがこっちも十分に大変である。一応ポスターのデータは持ってはいるが、大判のポスターなんてどこで印刷するんだ。ハンガリーにもキンコーズってあるんだろうか。

我々の番になったので「荷物が出て来ないのだが、どうすればいいか」と尋ねると、係員は時計を気にしながら「どの便？　さっきのドバイからの便？　遅れてるだけじゃないの？　もうちょっと待ってたら？」と投げやりな答え。「昼休みなのでさっさと休憩して昼飯食いたい」という本音が丸見えである。こいつとやり合っても話にならない。まあ、待ってみるのも一つの手なので、ゴルゴ13のような無表情を保ったまま「わかった、では待ってみよう。なかったらまた来る」と言って外に出た。わざわざ「また来る（I'll be back)」と言ったのは、ターミネーターのセリフの引用だ。いざとなったらターミネーターみたいに殴り込むぞ、という含みである。通じたかどうかは知らないが。何か動きがあった場合に備えて私はしばらくバゲージクレームで様子を見ることにし、モッチーはターンテーブルを確かめに行く。

20分ほど待っても動きがないのでモッチーのところに行くと、「全然出て来ない」との答え。「すっごいトラブルなんじゃないですか？　さっき僕の横にいたイギリス人、呆然として『俺の人生終わった……』って話しかけてきましたよ」とのこと。

仕方ない、もう一回ネジ込んで、なんとしても見つけさせよう。後で宿泊先に配送するサービスもあるらしいのだが、この空港の対応を見ていると、ここから人づてで配達を頼むのはどうも危険な気がする。ウィーンに一泊してでも、ポスターを取り戻してからブダペストに駆け付ける方がよいんじゃないだろうか。

そういう話をしながらバゲージクレームに行くと、窓口にはさっきとは違う係員のオバちゃんがいた。「ドバイからの便で着いたが荷物が出て来ない、探してくれないか」と告げると、オバちゃんはヒョイとこちらの手元を覗き込んで、「アンタら荷物持ってんじゃないの」と鼻を鳴らした。さすがにこれは頭にきた。

「Ich haste zweier Baggage, nicht eins! Einer habe ich hier aber Einer hass verloren! Wo ist das?!（オレは荷物を二つ持ってたんだ、1個じゃない！　1個はここにあるが1個は行方不明だ、どこにある!?）」

頭にきたせいで脳の働きが良くなったのだろう。いろいろ間違っていたと思うが、10年以上前に習ったきりのドイツ語でタンカが切れた。だが、そのせいか、オバちゃんの態度が少し変わった。

「あー、わかったわかった、二つあったのね。じゃあもう一つあるはずね」

オバちゃんは英語とドイツ語のチャンポンでそう言いながら、手元からラミネート加工された大きなメニュー表みたいなのを取り出した。そこにはスーツケース、スポーツバッグ、ハンドバッグ、ショルダーバッグなど、様々な荷物の絵が描かれている。

「ポスターを入れたシリンダーだ」と説明すると、「じゃあこれね」と指差し、さらに細かい区分――ストラップはついていたか、大きさはどれくらいか――を聞かれた。このチャートに従って区分を確かめると、「ちょっと待ってて、見て来てあげる」と言って、窓口の後ろに消えた。どうやらそこが倉庫になっていたらしい。ほんの1分ほどで戻って来たオバちゃんは「これでしょ」とポスターケースを差し出した。間違いない、我々のものだ。

この時はポスターが出て来た安心感から二人でオバちゃんの手を取り、「これはすごく大事な荷物だったんだ! ダンケシェーン!」とニコニコ笑って出て来た。冷静に考えれば怒っても許される場面だったんじゃないかと思うのだが、ま、よかろう。

そうだ、鳥を見に行こう

さて、ブダペストはドナウ川と共にある街である。街のド真ん中を川が貫いていて、いくつも橋がかかっており、緑の橋、エルジェーベト(エリザベート)橋などと名前がついている。荷物を積んだ艀《はしけ》やフェリーが行き来し、観光船が走る優雅なる大河……なのだが、直前まで上流で降り続いた豪雨のため、ドナウは大増水して真っ茶色に濁り、「青く美しきドナウ」の面影はなかった。まあ雄大ではあったが。

学会は1週間におよぶプログラムだったが、真ん中に1日、休憩があった。せっかく来たのだから、その日は観光でもしてきなさい、というわけだ。ブダペスト観光やプスタ(大平原)ツアーも学会のオプションにあったのだが、私としては市内観光より鳥を見たかった。では大平原ツアーかというと、ツアーは馬車に乗って伝統的な乗馬ショーを見た後、伝統料理を食べて帰るだけらしい。鳥を見ている時間はなさそうだ。では勝手に行くかと思って調べてみたが、プスタは広すぎて専門のガイドでもつけないと狙った鳥は見られない、とのこと。プスタに住むという世界最大の飛翔性の陸生鳥類、体重15キロもあるというノガンの巨体を見てみたかったのだが。

前夜、ではどうするかと考えながらホステルで地図を眺めていたら、バイトの兄ちゃんに「どこか行くのか」と声をかけられた。2、3度見かけたポニーテールの兄ちゃんだ。デンマークから来たバックパッカーが「ポニーテールのあいつはナイスガイだ、すごく親切に教えてくれる」と言ってたっけ。

そこで「いや、どこに行こうか考えていたんだ。鳥が見たい。自分は鳥を研究している学生だ」と言うと、彼はニヤッと笑って私のTシャツを指差し、「わかってるよ、それだろ」と言った。あ、そういえばハシブトガラスのTシャツ着てたっけ。彼は続けて「その鳥はハンガリー語ではフェケテホーロー、黒い鋏《はさみ》という意味だ」と言った。うん、それはハシブトじゃなくてワタリガラスのことだと思うけど、だいたい合ってる。

彼と話をしていると、ラムシャカディークというところを薦めてくれた。子供の頃、よく家族で出かけたところだという。ラムシャカディークとは「月の……川……土手……英語ではなんて言うのかな」とのことだったが、月の谷間とか月の川辺とか、そういう意味だろうか。彼自身は鳥にはあまり興味がなかったそうだが、緑がいっぱいだからきっと鳥もいるよ、行ってごらんと言い、行き先を詳しく――それこそ、どの駅前でどうやってチケットを買って、どうやってバスに乗るかまで教えてくれた。ただ、適当な地図がなかったため、「ここだ」とマップ上で指し示すことだけができなかった。

ドナウ川沿いのキイチゴ

そういうわけで、翌日、私とモッチーは、朝からブダペスト西駅に行き、言われた通りの売り場で「ラムシャカディーク」と言いながらバイトの兄ちゃんがノートに書いてくれた地名をオバちゃんに見せると、オバちゃんは「ああ、あそこ」みたいな顔でうなずいてチケットを寄越した。そこには「なんとか船着き場」という意味の全然別の地名が書いてあったが、バス停で言えばそこなのだろう。

さて、やって来た2両連結のバスに乗り込み、出発。本当は前の方に陣取って運転手に「ここで降りるから教えてくれ」と言いたかったのだが、運転席付近が混んでいたので諦めた。まあ、なんとかなるだろう。

ブダペストの市街地を抜け、席が空いた。座らせてもらったが、朝市で買い物して来たらしいお婆さんが「どっこいしょ」と乗って来るので、さすがにノンビリと座っている気にはなれず、席を譲る。次第に奥へ押し込まれながら郊外の村を通り、おとぎの国のようにかわいらしい町を通過した。さあ、ここはどこだ。バス停には「次のバス停は○○」なんて親切な案内は書いていないし、錆《さび》や日焼けでバス停の名前すら読み取れないことがある。おまけに英語は滅多に通じない。よし、こういう時は『旅の指差し会話ハンガリー編』の出番だ。「○○まではあと何駅ですか」という例文を見つけ、近くにいたお母さんに尋ねてみた。○○の部分にチケットに書かれた地名を入れて、「駅」を「バス停」に変えればいいだろう。駅は「アウドヴァール」だが、バス停は「ブスアウドヴァール」だったはず。

一応、意味は通じたようだが、お母さんはしばらく首をひねると、隣に座った娘さんと相談し始めた。娘さんが首を振ると、今度は前に座っていたおじさんの肩をつつき、何やら尋ねた。その隣のおじさん、その前のおじいさんも振り向いて会話に加わった。かくして、みんなの知恵を集めて頂いた結果、「あと10駅である」と判明したらしく、お母さんは両手を広げて指を10本見せた。

バスはドナウ川沿いらしい緑の中を走って行く。すっかり田舎だ。道を教えてくれた人たちも途中で次々に降りてしまった。よし、次が10個目。ぴんぽーん。

なんの変哲もない、森の中の道ばたとしか言いようのないところにバス停があった。降りたのは我々二人だけだった。バスは再び、ディーゼルエンジンを唸《うな》らせると走り去って行った。約2時間も乗ったバスを見送り、バス停の名前を確認する。錆びた表示板に書かれた名前は、チケットに書いてあったものとは全然違っていた。

10個目じゃねーじゃん。ていうか、ここどこだよ。

とりあえず、見通しを求めて、木立の向こうの牧草地みたいなところに出てみた。草が茂って、まばらに木が生えて、とても気持ちのいい場所だ。うわーピクニックしてー。リンゴとチーズとワインを持ってここに来たい。そのすぐ向こうが、記録的な雨が続いて大増水中のドナウ川だった。真っ茶色に濁って、渦巻きながら流れている。川辺の樹木まで水に漬かって、洪水寸前だ。だが川が広いから視界は開けた。下流を見る……何もなし。上流を見る……何やら屋根が並ぶ場所が見える。よし、あっちだ。1キロか2キロくらいか。

かくして、私とモッチーは雨上がりのドナウ川沿いの道をテクテクと歩いて行ったのである。あー、なんか疲れた。腹も減った。せっかくのオフなのに。そう思ってへこみそうになった時、道端に黒く熟したキイチゴを見つけた。お、食べ頃！　完熟！　しかもすごく大きくて瑞々《みずみず》しい！　モッチーはその気力もなかったのか食べなかったが、私は試してみた。

絶品だった。3つ食べたら急に元気が出て、そのまま町まで歩き切ることができた。魔法の実か何かだったのだろう。

ちなみに、たどり着いた町はヴィシェグラードと言った。ホステルの兄ちゃんが「ラムシャカディークはヴィシェグラードの少し先だったかな、手前だったかな、多分、少し先だな」と言っていたので、当たらずとも遠からずではあったのだろう。まあいい。ここからはモッチーとは別行動で、夕方、隣町の電車の駅で合流しよう、という実にアバウトな予定にした（ホステルの鍵を一つしか渡されなかったので、別々に帰ると面倒なのである）。私は鳥を探してしばらくうろつくことにした。モッチーは町に何軒もあるカフェを回ってビールを試していたらしい。

ワタリガラスとマジャール語

鳥を探したり、ドナウ川でちょっと釣竿を出してみたりした後、町を見下ろす小山の上にある城を見物した。城の真上をノスリが舞っていると思ったら、鷹狩《たかが》りショーをやっていた。城の中は博物館みたいになっていたが、妙に生々しいマネキンなんぞが並び、ちょっと怖い。ついでに解説がマジャール語とドイツ語とイタリア語なので、さっぱり読めない。

最後に山を下りてバス停に行くと、バス停の真ん前にビストロか小さなホテルみたいなものを見つけた。看板には羽をむしられて万歳をしている黒い鶏ガラみたいなものが描いてある。カフェか？　エーッテレムと書いてある。レストランという意味だ。店の名前は「フェケテホーロー」。「フェケテ」は確か黒だから、黒いナントカ……いや、これは例の

「ワタリガラス」ではないか！　すると看板に描いてあるヘボすぎる絵はワタリガラスのつもりなのか！

これを見逃す手はない。幸い、バスが来るまであと30分ほどある。建物の入り口にバイトの学生風の兄ちゃんがいたので、「入っていいか」と聞いたら「ええ、もちろん」みたいな感じで通してくれた。ガーデンスペースは椅子が積み上げてあったりして開店休業な感じだったが、客がいるなら別に……ということだろうか。

入ってみたら、いきなり壁にワタリガラスの剝製が飾られていた。うわあ。見たい。すつげー見たい。

とりあえず注文しないと悪いので、適当にビールを頼んだ。食事メニューを渡されたのだが、時間ないし、と思ったら、えらいものを見つけた。リーバーマイと書いてある。フォアグラのことだ。ハンガリーの特産品の一つがフォアグラである。何なに、日本円にして1200円くらい？

ワタリガラスの剝製を見たせいで気分が肉食になっていたのか、これも頼んでしまった。深く考えずに兄ちゃんにリーバーマイと言ったら、ものすごく嬉しそうに「え？　マジャール語、わかるんですか？」と聞かれた……らしい。マジャール語で何やら話しかけられ、

「マジャルル（マジャール語を）」という単語だけは聞こえたからだ。「？」と首を傾げて「ワタシ、ワカリマセーン」というボディランゲッジを送ると、英語で「マジャール語わかるんですか」と聞き直された。もちろん、全然わからない。いくつかの単語やフレーズと数詞（買い物に必要だ）を覚えて行っただけである。

重要だったのは「すいません」に相当する「エルネーゼーシュト」という言葉だった。ハンガリーは英語があまり通じないので、「エクスキューズ・ミー」と言っても相手の耳に入らない。「エルネーゼーシュト！」と声をかけると立ち止まってくれるので、その後は指差しでも筆談でも身振り手振りでも、なんとか話をつければよい。もう一つきちんと覚えたのは、「ホル・ヴァーン・ヴェーツェー？（トイレどこですか？）」という言葉である。緊急時にあれこれ試す余裕はないはずだからだ。ちなみに軽く「いいよ」と言う時は「ヨー」で、電話などでは「うんうん」という感じで「ヨー、ヨーヨー」と何度も繰り返しているのを耳にした。まるでラッパーである。

それはともかく、兄ちゃんが厨房に行っている間にしげしげと剝製を観察し、バシバシ写真を撮っておいた。

ワタリガラス。全長65センチ、体重1・2キロ。世界最大級のカラスにして、アメリカからユーラシアに広く分布し、世界各国の神話に登場する、神秘の鳥。極めて高い知能を持ち、複雑な社会を維持していると言われている。今参加している学会では飼育下での研究がいくつも発表されていたが、数が少なく警戒心が強いので、野生状態では容易に研究できない。実験について発表していた人に「非常に興味深いが、野外ではどうなのか」と質問したら、「一瞬で飛び去ってしまうから、野外で研究なんて絶対無理」と言われた。

私が一番会いたかったカラスだ。たとえ標本でも。さすがワタリガラス、巨大だ。嘴も大きい。喉から胸にかけて生える羽も見事だ。惜しむらくは、虹彩の色が少し薄すぎるのではあるまいか。

ビールと料理を持って来た兄ちゃんは、私がマジャール語を話せないとわかっても、やっぱり嬉しそうに英語で話しかけ、どこから来たんだ、ここへは行ったか、どうやって帰るんだ、バスか、それなら大丈夫だバス停が目の前だから、などとニコニコしながら話をして行った。マジャール語は世界で最も難しい言語の一つだというから、たとえ一言でも外国人が自国語を覚えようとしているのが、なんとなく嬉しいのかもしれない。ちなみに世界三大難しい言語の一つは日本語だという（この手の三大○○は異論が極めて多いのだが）。「コンニチワ」しか知らなくても「オレは日本語が話せる」と豪語するイタリア人に会ったことがあるから、マジャール語の単語を2つ3つ知っている以上、「俺は最も難しい言語3つのうち、2つを話せる」と言ってみたりして。

ビールを飲み、フォアグラのフライ・リンゴソテー添えなどをつついていたらあっという間に30分が経ってしまった。金を払おうとしていると後ろでバスの音が聞こえ、釣り銭を受け取るのもそこそこに、あたふたと走ってバスに飛び乗ったのだった。

うむ、予定とは少し違ったが、楽しい旅だった。

第11章 調査職人

カラス屋、なぜか海の上に

１９９７年、初夏。

「そのリゴーシャ取って！」

「はい！」

「あとズープラの準備！」

「これでしたっけ？」

「それショクプラ！　もう一つある方！」

「はい！　すんません！」

慌てて甲板を見回す。ああ、これか。取ろうとした途端、うねりをくらった漁船がドン！　と突き上げられ、よろけそうになる。なんとかネットを持ち上げ、社員さんに渡す。社員さんは手早くロープをたぐり、もやい結びで輪っかを作ると、ネットについたシャックルをロープに繋いだ。

続いてＳＴＤ。何に似ているかと言えば、まあ、銀色の銅鐸《どうたく》だろうか？　長さは60センチ以上あって、むやみに重い。

「船長、このへん、水深どれくらいです？」

社員さんが聞いた。船長は操舵室に顔を突っ込み、魚探を覗いてからまた顔を出した。どうでもいいが、漁船の操舵室の横の窓って、普通のアルミサッシなんだ。

「80かな」

「じゃあ大丈夫だな」

社員さんはそう呟いて、本体に長いロープを繋ぎ、よっこいせと持ち上げて船端から海に落とす。シュルシュルと音を立ててほどけながら滑って行くロープを踏まないように、脇に寄る。ロープの長さは100メートル。だが海流で流されて斜めに引っ張る形になるので、海底に当たる心配はないらしい。

それはそうと、STDって何？　オレ、海の上で何してんの？

一日中鳥を探すアルバイト

事の起こりは半年ほど前だった。

院生部屋でパソコンに向かっていると、助教授の先生がやって来た。

「松原君、きみ、オオタカってわかるか？」

「オオタカ、ですか？　ええ、知ってますが」

「見たらわかる？」

「そうですね、一応わかります」

「じゃあさ、バイトする気あるか？」

なんだそりゃ、と思ったら、環境アセスメントのアルバイトだった。

環境アセスメントというのは、開発に先だって、開発計画が自然環境に重大な影響を与えないかを検証する、あるいはその後のモニタリングを行って重大な問題になっていないかを監視する、というものだ。ただし、アセスメントを行う義務は開発側にあるので、事業者が環境コンサルタントに依頼し、その下請けで環境アセスメント会社が実地調査して報告する、という形が一般的だ。事業者は最終的に報告書を取りまとめて、「ちゃんと調べましたが、問題ないと判断できるのでこのように計画します」などと届け出る。

この研究室の修了生の方がアセスメント会社に勤めているそうで、バイトに来られそうな学生はいませんか、と連絡があったらしい。オオタカを見てオオタカとわかることが条件ということは、現場にオオタカが出る可能性があるのだろう。オオタカは希少種、しかも自然保護の旗印になりがちな鳥だから「そんなの関係ねえ」で開発するわけにはいかない。建設予定地に住み着いているかどうかは、きちんと確かめる必要がある。

「時給750円って言って来たんだけどね、学生とはいえ、その分野の専門の人間を雇うのにそんなバカな話があるか、安すぎるって言ったんだ。多分、日給で1万何千円かにはなると思うよ」

な、なんだってー！　何をするのかよくわからないが、一日、鳥を探して、1万数千円。メロンパン150個。昼飯5ヶ月ぶん。

「やります。ぜひ」

ズープラ？　何語ですかそれは

その時の現場は普通に鳥の調査で、普通にやって普通に終わったのだが、その後、突如として同じ会社から電話がかかって来た。ただし、前とは違う部署だ。バイト登録されている学生に片っ端から当たっているらしい。今回は海での手伝いと荷物運び。専門外の単純作業だから、時給750円、プラス遠距離手当1000円。交通費支給。まあいいや。

指定された集合場所は巨大な倉庫だった。ここに調査道具や計測機器を置いているので、まずそれを出して、並べて、チェックして、2トントラックに積み込み。とはいえ、ド素人の私にできるのは、言われたモノをせっせと運ぶことだけだ。この段階で、社員さんの言葉が全く理解できないことに気付いた。

ズープラ？　ショクプラ？　リゴーシャ？　そもそも何語ですかそれは。

尋ねるヒマもなく「これ運んで！」と命じられつつ、作業をこなしているうちに、周囲の会話が耳に入って来て、やっと理解できた。ズープラは「ズー・プランクトン」の略で、つまりは動物プランクトン用のプランクトンネットなのだ。プランクトンネットは大学の実習で使ったことがあるが、丸い金属の枠に、目の細かい長いネットがくっつけてあって、一番後ろには採集容器がある。これを投げ込んで水中で引っぱり、プランクトンを採集する。引き上げてからコックを開いてサンプル瓶に受ければ、プランクトンだけを漉《こ》しとれるという仕組みだ。プランクトンには動物プランクトンと植物プランクトンがあるが、目の細かさなんかが違うわけか。

なら「ショクプラ」は「植物プランクトン用ネット」のことだろう。英語ならフィト（もしくはファイト）プランクトンだが、こっちはフィトプラとかファイプラって言わないのね。

リゴーシャは運んでいる最中にわかった。渡された箱に「離合社」と書いてあったからである。それが機材の名前なのか、メーカーなのかはわからなかったが、まあ、「社」とついているくらいだから会社名なのだろう。しかし、社名で呼ばれる機材って、この会社はこれしか作っていないのか？　そもそも中身はなんなんだ？　空港で「中身を知らない方がいいモノ」を渡される運び屋みたいな気分である。

最後に、ＳＴＤなる重たい箱を渡された。運んで行って倉庫の前に並べると、社員さんがクリップボードを手にチェックしている。同じ道具がいくつもあるところを見ると、何ヶ所かで一斉に調査するのか。

できる仕事はあるか、と周りの様子を見ていると、中身をチェックして固定を確認するようだ。ＳＴＤの蓋を開けたら銀色の円筒形の装置が入っていた。ぴったり収まるような木枠に支えられ、３本のベルトで締め上げてある。ベルトをクイクイと引っ張って直すと、社員さんがやって来た。

「バッチリか？」

「はい」

社員さんはしゃがんでベルトのテンションを確かめ、「全然あかん」と言うと、力いっぱい締め込んだ。

荒れ狂う波、1秒ずつ寝る

それから現場の海辺へと移動して、宿泊。翌日、社員さん一人と共に、漁船に放り込まれた。船には大量の道具も積み込まれた。なるほど、こういうことか。海洋調査を一挙にやるために、船をたくさん雇って、何チームも送り出すのだ。

強風の中、漁船は沖に向かって突っ走った。どこで何をしているのかわからない。とにかく、言われたモノを手渡し、結べと言われれば結び、「もうちょっと短くして!」と言われてほどいて結び直し、たぐれと言われれば引っぱり、もうそれだけである。とりあえず、海上でも通じるゴツい無線電話が「モトローラ」と呼ばれていることはわかった。あと、リゴーシャの正体は丸い枠にプロペラがたくさんついた何かだった。回転数で流速を計り、時間当たりの透過水量を計算する計測器なのだろうと推測した。

そして今、STDが沈み切るのを待っているわけだ。

「おっしゃ、もうええわ。引いて」

社員さんの指示でロープをたぐり寄せる。お、重い。STDの重さと水の抵抗に加え、海流に逆らって引き上げる必要もある。私は別に鍛えてはいないが、非力ではないつもりだ。だが、こういう作業で要求される筋肉は普段とはまた少し違う。効率の良い力の入れ方、というのもあるだろう。半分もたぐらないうちに目に見えて速度が落ちてきて、見かねた船長さんが後ろから手伝ってくれた。さすがに漁師さんは強い。みるみるロープが積み重なってゆく。

やっとのことで100メートルをたぐり終わり、STDを船に引っ張り上げる。上部には二つの穴があるが、ここをフッと吹いて穴に溜まった水を吹き飛ばし、ゴツい端子のついたコードを差し込んで、ゴムでカバーされたボタンをグイッと押す。そうすると、STDから読み取り端末にデータが転送されて、この項目は終了だ。どうやらSTDとは「塩分濃度・温度・水深」の頭文字で、沈降しながら各水深で塩分濃度と温度を計測する、自己記録式のロガーであったらしい。

どおん、とうねりが来た。大きく傾いた船の左舷側は海面しか見えない。右舷側は空しか見えない。水平に戻ったところでチラッと目をやると、どう考えても船より高い波が押し寄せている。

「これは戻った方がええなあ」

船長さんが社員さんに告げた。まだ全ての計測ポイントを回っていないようだが、船の上では船長さんの判断は絶対だ。

エンジンが回転数を上げ、排気の臭いが強くなった。グイと船首を上げた漁船が大波を乗り越えて走り始める。波に乗り上げると体がぐうぅっと持ち上げられ、その後一瞬、体がフワッと軽くなる。次の瞬間、ドンッ！　と音を立てて船底が海面を叩き、尻を蹴り上げられたような衝撃が来る。これが、一定間隔で、いつまでもいつまでも続く。

その中、疲労困憊した私は、漁船のエンジンカバーの上に座って眠っていた。体が浮き上がった1秒ほどの間に眠り、尻を蹴り飛ばされて目を覚ます。次の瞬間、また浅い眠りに落ちる。これを繰り返すうちに港に戻ったので、どこをどう走っていたのか、さっぱり覚えていない。あの調査は海洋環境のアセスメントだったのだろうが、なんのためにやっていたのかも、全然わからない。

何もわからないまま、働いたぶんの日給を受け取って帰った。

カワセミはさして珍しくない

さすがに海の上ではカラス屋なんぞ使い物にならなかったのか、海洋調査のバイトはすぐに呼ばれなくなった。

だけどそのうち、知り合いがバイトしたという別のアセスメント会社から声がかかり、こちらには毎月のようにお世話になった。ここにお世話になっていなければ大学院を終えられたかどうかわからない。私が今も使っているニコン・フィールドスコープも、バイト3日ぶんの給料を握りしめて買いに行ったものだ。封筒の中には交通費込みで4万円余り、スコープを買うとスッカラカンになった。

何度もやっていると、こちらも調査の様子に慣れて来る。「ここに来い」と指示された駅まで行き、会社の車で現地入りした社員さんと合流。車でしばらく走る間に周囲の様子を見ておく。周りの環境から何がいそうか注意しておく必要があるからだ。

「ここは大したもん出てへんねんけどぉ」

すっかりお馴染みになった社員さんが、ハンドルを握りながら説明してくれる。

「オオタカとハイタカかなあ。あ、ハヤブサも一応出てたかなあ」

「ミサゴはいます?」

私は少し向こうに見える大きな橋に目を留めて、言った。海のそばで大きな川があるなら、ミサゴがうろうろしていてもおかしくない。

「うん、先月はおったよ。あとカワセミ、一応書いといて」

「どこにでもいますやん（笑）」

「そうなんやけどな、注意してって言われてんねん」

正直なところ、カワセミはさして珍しくない鳥だ。もっとも、繁殖場所は土質の崖に限定される。それを考えればその存続の基盤は決して安泰ではないが、「いるか、いないか」だけで言えば、都市部のドブみたいな川にだってカワセミはいる。本当に保全を考えるなら、「繁殖しているかどうか」「雛を連れているかどうか」などを見なければならない。だが、調査会社はクライアントの求めに応じて報告書を上げるのが仕事だ。今回求められているのはあくまで「カワセミが確認されたかどうか」であって、調査会社は「いた／いなかった」を報告するしかない。

「どっか買い物に寄る？」

「いえ、大丈夫です。ありがとうございます」

「ここらへん、コンビニないねん。駅前のスーパーで飯買うから」

「はい」

アセスメントバイトは何日もかかるのが普通だ。その間は宿に泊まって、朝イチで仕事に出かけ、コンビニかどこかで昼飯を買って（宿が朝食なしなら朝飯も買って）、現場で落としてもらって一日を過ごす。夕方、拾ってもらって、宿に帰る。

翌朝、7時半に集合。8時から開いているスーパーに寄り、昼飯を仕入れる。私は基本、パンだ。他の人たちは弁当を買ったり、カップ麺を買ったり。ある社員さんは、大盛りのカップ焼そばを買い込んだ後、野菜コーナーで立ち止まった。

「僕、腹減るから、これ齧ってごまかすんですよぉ」

なんとなくフクロテナガザルに似た社員さんは、そう言って買い物カゴにキャベツを1玉、放り込んだ。

クマタカ〝様〟が出た！

8時半に現場に到着した。一般に鳥類の調査はもっと早くから始めるが、猛禽がメインならこのくらいの時間でも大丈夫だ。無線機やチェックシートや地図など調査道具一式が入った籠、さらにパイプ椅子とブルーシートを支給される。

「定点、ここな。あとはまあ、わかると思うし。いつも通りやっといて」

「はい、わかりましたー」

定点は田んぼの脇の道端だ。通行の邪魔にならないところにパイプ椅子を置き、畳んだブルーシートを放り出して、その上に荷物を下ろす。デイパックから双眼鏡を出し、望遠鏡を三脚にセットして、脚の長さを調整する。椅子に座ってヒョイと覗ける高さが理想だ。だが、少し高めにしておかないと、鳥が頭上に来た時に覗くのが苦しくなる。

チェックシートに日付、開始時刻、定点番号、調査者氏名、天候を書き込み、温度計を出して日陰にかざす。温度を測っている間に周囲を見回して、地図と照合しなければ。そしてコンパスで方位の確認。ふむ、あっちが北、と。頭の中で地図を回し、北の方に山が続いて、この谷は東向き、と基本的な地形を頭に入れておく。これをやっておかないと、鳥の出現場所を地図に記入する時に大間違いをやらかしかねない。あそこに見えている山は地図上のこれ、あっちの尾根はこれ、あの川はこれで、集落はこれか。道路がこう通って、あそこが線路。あ、あれが、このトンネルね。すると、あそこに見える斜面はこのへん。ふむふむ。

気温15度。チェックシートに必要な事項を書き込んだのを確認し、双眼鏡であたりを監視し始める。猛禽だけでなく、一般鳥類も記録しなければならない。

スズメ。カワラヒワ。ハシボソガラス。ヒヨドリ。ツバメ。

昼になったが猛禽はいない。退屈だなあ、と思いながら周囲を見渡す。バイトだから飽きてもやめられないし、寝るわけにもいかない。

その時、1キロくらい離れた山肌の鉄塔のあたりに、黒い点が見えた。ん？　猛禽か？　双眼鏡で確認する。点はいくつもあった。くるくると旋回しながら鉄塔の上空を舞っている。あの飛び方は、トビだろうなあ。トビはれっきとした猛禽だが、こういった調査では「書かなくていい鳥」だ。希少種や絶滅危惧種ではないので、たとえ開発予定地に営巣していたとしても、特に配慮されない。

念のため、望遠鏡を向けた。退屈だったのでトビでも見てやろう、という理由もある。視野に入ったぼやけた姿を追って望遠鏡を動かしながら、ピントを調整する。

茶色い体、真ん中が切れ込んだ尾羽、細長くて、眉毛のように軽く弧を描く翼。翼の下面に白い斑点。間違いない、トビだ。次の鳥が視野に入ってきた。やはりトビだ。あれもトビ、これもトビ、多分トビ。きっと……。

ちょっと待った！

一瞬、視野をかすめた鳥はトビではなかった。よく似た褐色だが、重量感が全然違う。慌てて望遠鏡を動かすが、視野に入らない。双眼鏡に持ち替えて探す。いた。トビのすぐ下だ。同じく、気流に乗って旋回している。双眼鏡で見てもトビではない。もっとボリュームがある。

望遠鏡の角度をわずかに変えると、そいつが視野の中に浮上してきた。ズズズ……と効果音を入れたくなるような重々しさだ。見てはいけないものを見ているような、とんでもない迫力。

近くを飛ぶトビと比べて、翼開長は変わらない。だが、翼弦、つまり前後方向の幅の広さが全く違う。翼の面積がとにかく巨大なのだ。それに対して頭は小さく、短い。尾羽も短めで丸い。ものすごくマッチョな印象。

心持ち翼をV字に持ち上げながら、体を傾けて旋回している。旋回中、こちらに腹を向けたので、裏面が見えた。腹側は白い。尾羽と翼に黒い線が何本か見える。いわゆる鷹斑《たかふ》だ。緑の濃い森林をバックに白い面を見せたので、シルエットもよく見えた。翼の後縁が膨らんでいる。

こんな鳥は、あいつしかいない。私は望遠鏡を覗いたまま、急いで無線機を取り上げた。

「定点6、松原です！　クマタカ出ました！」

「なんやてー！　ほんまか！」

課長さんから慌てた返事があった。そりゃ慌てる。クマタカはこういった調査で「要注意」な鳥の中でもランクが高い。オオタカなら「まあオオタカはおるわなあ……」で済むかもしれないが、クマタカ様がいらっしゃると一騒動だ。

オオタカは市街地でも見かけることがあるし、郊外に行けば「あ、オオタカ！」くらいにはいる。「！」がつく程度には珍しいが、激レアものではない。

もちろん、それと「保護しなくてもいいかどうか」は別問題だ。オオタカの生存には大きな木や、大量の餌となる小動物が必要で、狩りのしやすい空間も必要だから、その将来は決して安泰ではない。「幸いにして、今はまだ、そこそこ見ることができる」というだけである。

これがクマタカになると、ハードルが跳ね上がる。クマタカの推定生息数は環境省の発表では日本全国に約１８００羽。ただし十分な調査ができたわけではないので、実際はそこまで少なくはないだろう。だとしても、何万羽もいる鳥ではない。彼らはオオタカ以上に人間から距離を置くし、餌はリスやヤマドリが主体だ。こういった餌生物がふんだんに住む、よく茂った森林がないと生きて行けない。

つまり、クマタカがいるくらいなら、それを支える生態系も非常に豊かだ、ということになる。クマタカ自体ももちろん貴重なのだが、クマタカが生きていられる自然そのものが、大いに価値がある。そういう意味で、猛禽は環境の指標であり、保護の象徴となるのだ。決して「猛禽がいさえすればいいんでしょ」という意味ではなく、「猛禽を旗印として、猛禽が生きていられる環境全体を保全しましょう」という意味である。

で、こういったアセスメントの相場観としては、「クマタカ様が出た＝工事ちょっと待った」なのである。クライアント、すなわち工事する側の依頼で調査をしている会社としては、「うわ、クマタカ出た、報告書どうしよう」になるのは当然だ。

このへんの事情を言ってしまうと、クライアントが求めているのは、「ちゃんと環境アセスメントをやりましたよ」という事実と、「でもこの開発計画には問題ありませんよ」というお墨付きだ。「調査の結果、建設予定地でクマタカの繁殖が確認されたので開発すべきではありません」なんて結果は期待していないはずである。もちろん、アセスメント会社やコンサルタント会社は「これは開発ダメですよ」という報告を出すことはできる。これが公表されれば、開発が止まることもあるだろう。だが、そこにはやはり、クライアントと業者の大人の事情が常に絡む。

彼らがきちんと調査をしなければ、そもそもデータが集まらない。しかし正直に報告すると、経営が成り立たない恐れもある。潰《つぶ》れてしまえば、真面目にデータを集められる会社そのものが消滅する。環境コンサルタントやアセスメント会社は、常にそういう板挟みの中にいる。これはアセスメント会社のせいではなく、元を辿れば、「開発側が調査を発注して、自身の開発計画にお墨付きを与える」というシステムの問題である。

もっと裏事情を言えば、何が発見されようと、報告書のテンプレートは「〜しかし十分な対策が考えられており影響は小さいものと考えられる」で結ぶことになっている場合さえあるのだ。とある会社でのことだが、報告書をまとめながら、社員さんが「影響ないわけないやろがドアホ！」と吐き捨てていたのも、聞こえたことがある。こういう人たちの想いや努力が握りつぶされるようなことがあってはならないと、切に思う。

鳥好きどうしの話は止まらない

海洋調査の時は全く畑違いで本当に「ただいるだけ」だったが、鳥類の調査バイトだと、いろんな話が聞けてとても楽しい。また、社員さんたちは下手をすると研究者よりも長時間を野外観察に当てているので、色々なものを見ている。腕に覚えのある「調査バイトの達人」みたいな人もやって来る。本業は詩人という人もいたし、骨マニアで絵描きで、しかも軍オタのKさんともここで知り合った。

今も忘れられないが、Kさんに最初に気付いたのはアセスメント会社のオフィスであった。会社から渡されたカメラで撮影した写真を繰りながら「こんなん連写速度が全然足らんわ、もっとバルカン砲みたいにレンズ6本束ねて1分間6000枚撮れるとか、ないの？」という恐ろしい発言をしたのがKさんだった。

「こないだ現場行ったらこんなんおったんやけど、これなんやろ？」

宿の部屋で、社員さんに写真を見せられた。なんだこりゃ。セキレイには違いないが。

何人もが集まって来る。

「ハクセキレイ……に見えますが……。なんか妙な」

「せやろ？　普通、こんな顔白くないよなあ。どっかの亜種？」

「ホオジロハクセキレイでしたっけ、なんかそんな亜種いませんか？」

「お、すごいやん。それいつの写真？」

「先月ですけど」

「まだいるかな。ボクも見たいなあ」

ああ、身に覚えのある雰囲気。鳥好きが集まると、やはりこういう感じなんだ。

優しい課長さん

調査していると雨が降ることも、もちろんある。だが、調査は「月1回」などと予定が組んであり、それを守らないと報告書に空欄ができてしまう。当然、調査としての信頼度も下がるし、契約にも関わる。

だから「雨降ったから休みにしよっかー」などと甘いことは絶対にない。何もできないほどの大雨なら「様子見」ということはあるが、日程が延びれば費用は嵩《かさ》むし、バイトの手配もやり直しだ。しかも、他の現場の工程を圧迫する。アセスメント会社の社員さんはとにかく忙しくて薄給で、日給だけで計算すればバイトの方が高いこともある。ある若い社員さんが「オレ、今度休暇取ってバイトに来ていいっスか」と言っていたくらいである。ちなみにこの発言は一瞬で却下された。

ただ、雨が降るとわかりきっている時は、装備が追加される。ブルーシートとロープ、時にはポップアップテントだ。ポップアップテントというのは、収納袋から出した途端にビヨン！　と広がって立ち上がるテントである。あまり大きなものではないが、中に座っていることくらいはできる。

テントがなければ、ブルーシートで荷物を包んで防水し、自分はカッパを着て、傘をさして座っている。うまい具合に立ち木があったりすればブルーシートで屋根が張れるが、田んぼの真ん中だったりしたらどうにもならない。だが、フードからポタポタ垂れる雨粒を眺めながら、雨に叩かれて座っているというのも、悪くはない。寒いと辛いが。

やっかいなのはテントに引っ込むほどではない小雨の時だ。調査を中断したくはないが、望遠鏡が雨に打たれっぱなしでは浸水する。そういう時は、ピントリングから接眼レンズの基部にかけて、浸水しやすそうな箇所にコンビニのレジ袋を被せて結びつけ、即席の望遠鏡用雨ガッパにしていた。

夕方、だいたい5時に撤収して、飯を食って、風呂に入って、部屋に引き上げる。だいたいは大広間で雑魚寝《ざこね》である。社員さんは報告書を書いたりしなくてはいけないが、我々バイトは好きにしていい。そのうち社員さんが酒盛りを始めると、お相伴にあずかれる。なかなか、悪くないバイトである。

車座で飲んでいた社員さんたちが、「とにかく金がない」「家族ができてから自分の遊ぶ金なんてとんでもない」「オシャレな服を買うなんてどこの世界の話だ、もう何年もユニクロしか知らん」といった話を始めた。そのうち、課長さんがこっちを振り向いた。

「松原君、服とか買う?」

「いやあ、全然。せいぜいユニクロっすよ」

本当はユニクロですらないのだが、話を合わせておいた。今着ている作業ベストはホームセンター、カーゴパンツはミリタリーショップの安売り品で、年柄年中こんな恰好だが、そこまで細かく説明する必要はあるまい。すると、課長さんはふうっとため息をついて、言った。

「そやな……金、なさそうやもんな……」

いえあの、確かに私はリッチじゃないですけど、別に赤貧というわけではなく、単にファッションに全く興味がないだけで、基本的には機能優先でなるべく安くという方針で……と言い訳する間もなく、課長さんは話の輪に戻ってしまった。

さて、翌朝。スーパーで昼飯を物色していた時である。安くて大きなぶどうパンを選んでいると、その課長さんが近づいて来て、私の胸ポケットにスッと手を走らせた。

「少ないけどぉ、昼飯代の足しにして。いや、ええから。ほんまに、気にせんといて」

ポケットには、折り畳んだ5000円札が差し込まれていた。

高速道路建設は地元のためになるか

調査中、道端にぼーっと座っていると地元の人が通りかかる。猛禽調査は広い視界の取れる場所を定点にするから、しばしば、田んぼの横にいたりするせいだ。

環境アセスメントの場合、開発計画が完全に公表されるまでは、ここで何をしているかは黙っておかなくてはいけない。だが、地元の人はだいたい察しがついているものである。「こんにちは！」と挨拶すると、「おう、あの道路の仕事かい、ご苦労さんやなあ」などと声をかけられることもあった（三脚と望遠鏡を出しているので、測量と間違われることもよくある）。バレバレどころか、末端バイト君の私よりよく知っていたりする。ジュースやおやつを頂いたことも、何度もあった。

地元の声は複雑だ。もちろん、開発絶対反対という人はわざわざバイト調査員に話しかけてこないだろうが、世間話をしてみると特に関心がない人もいれば、むしろ歓迎する、という人だっている。矍鑠《かくしやく》としてはいるが、もう結構な年だろうお婆さんが、「はよ高速道路できてほしいわ、国道をトラックがビュンビュン走るから、おそろしゅうて歩かれん」とこぼして行ったこともあった。皮肉なものだ。クマタカが飛ぶ地元の声や生活者の視点は、しばしば「さっさと高速道路を通してもっと便利に、もっと安全に、商店街にカネを」なのだ。

それを言ったら、何度もこの現場に来て、国道を爆走するトラックもよく知っている社員さんは、「そやなあ……」と言ってから、付け足した。

「せやけど、トラックはこの距離で高速なんか乗らへんで。高速料金たっかいから。高速できても絶対、国道走るで」

アセスメントバイトは確かに金になる。働いている人たちも真剣にやっている。しかし、それが一体なんになるのか。いつか役に立つ、少しでも役に立つ、そう思わなければ、やっていられない仕事でもある。そう思いながらも、私も一人の貧乏学生として、日銭を稼ぐ。そんな日々だった。

この後、小泉政権下で全国の高速道路建設は一時凍結された。仕事は減ったが、ホッとしたのも事実である。ホッとしながら、私は現場で会ったあのお婆さんを思い出した。

あとがき
～すいません、元タイトルでも看板に偽りありました～

書き上げた原稿を読み直してみたら、やはり大した冒険ではなかった。しかし、思い返せば大変に懐かしかったのも事実ではある。

いや、懐かしがっている場合ではない。この「大ぼうけん」は今も続いている。例えば、先日はカラスを探していて山仕事のおっちゃんに「こいつ一体なんだ?」扱いされつつもニコヤカなトークで切り抜け、滑り落ちそうなスギ林の中を上り下りし、オオスズメバチに睨まれ、イノシシと接近遭遇し、異様にお得なインド料理店でカレーセットを食べて満足した。あと、この店で予約できるという「インドおせち」が気になって仕方ない。来年の正月は注文してしまうかもしれない。だが、そうなると「おせちもいいけどカレーもね」という定番の一言が言えなくなってしまう。

あ、別に言わなくていいのか。

そんなこんなで、カラス屋の大ぼうけんは今日も続く。ここには書かなかったが、人間は死にかけても走馬灯なんか見ないとか、本当に事が起きた一瞬に言えることは「あ」だけなんだとか、東南アジア某国の裏路地で呼び止められて「お前チャールズか」と声をかけられたとか、そういう経験もした。ここ半年ほどの間で一番面白かったのは、ヒラタアブとE．T．ごっこをしたことと、ハシボソガラスに説教したらちゃんと聞いていたことだ。いつか、またお話する機会もあるだろう。

ではその時まで、ご機嫌よう。

著者略歴

松原 始
まつばらはじめ

一九六九年、奈良県生まれ。京都大学理学部卒業。
同大学院理学研究科博士課程修了。京都大学理学博士。
専門は動物行動学。東京大学総合研究博物館勤務。
研究テーマはカラスの生態、および行動と進化。
著書に『カラスの教科書』（講談社文庫）、『カラスの補習授業』（雷鳥社）、
『カラス屋の双眼鏡』（ハルキ文庫）、『カラスと京都』（旅するミシン店）、
監修書に『カラスのひみつ（楽しい調べ学習シリーズ）』（ＰＨＰ研究所）、
『にっぽんのカラス』（カンゼン）等がある。

幻冬舎新書 510

カラス屋、カラスを食べる
動物行動学者の愛と大ぼうけん

二〇一八年七月三十日 第一刷発行

著者 松原 始
発行人 見城 徹
編集人 志儀保博
発行所 株式会社 幻冬舎
〒一五一-〇〇五一 東京都渋谷区千駄ヶ谷四-九-七
電話 〇三-五四一一-六二一一(編集)
〇三-五四一一-六二二二(営業)
振替 〇〇一二〇-八-七六七六四三
ブックデザイン 鈴木成一デザイン室
印刷・製本所 中央精版印刷株式会社

GENTOSHA

検印廃止

Printed in Japan ISBN978-4-344-98511-7 C0295
ま-13-1

幻冬舎ホームページアドレス http://www.gentosha.co.jp/
*この本に関するご意見・ご感想をメールでお寄せいただく場合は、comment@gentosha.co.jp まで。